Analysis of Gene Sequence and Expression Site of *p44* of *Anaplasma Phagocytophilum*

无形体病原菌*p44*外膜蛋白表达基因簇及表达区域研究

◎ 乌日图／著

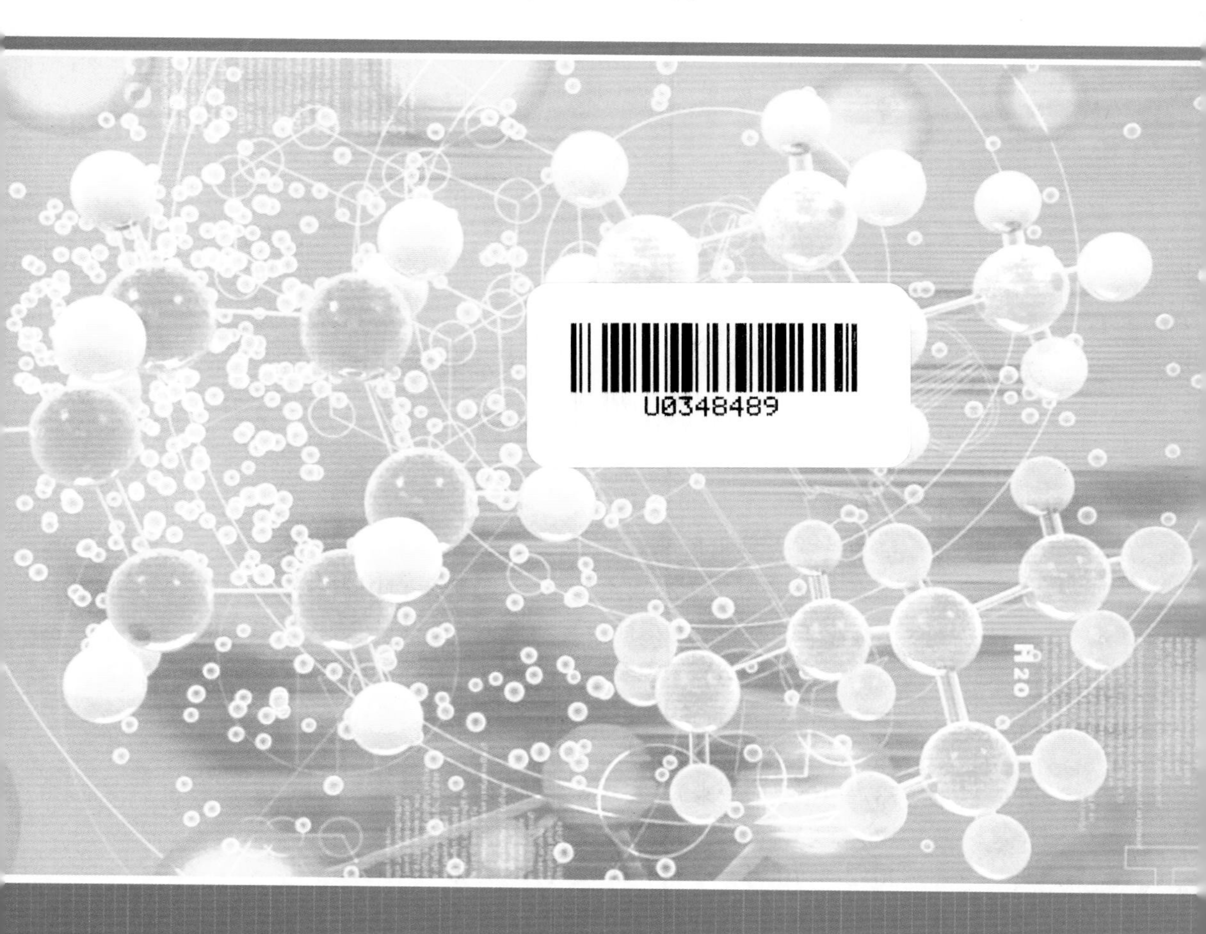

中央民族大学出版社
China Minzu University Press

图书在版编目(CIP)数据

无形体病原菌*p44*外膜蛋白表达基因簇及表达区域研究/乌日图著 —北京：中央民族大学出版社，2012.10

ISBN 978-7-5660-0278-5

Ⅰ.①无…　Ⅱ.①乌…　Ⅲ.①细胞质—基因—研究　Ⅳ.①Q343.1

中国版本图书馆 CIP 数据核字（2012）第223450号

无形体病原菌*p44*外膜蛋白表达基因簇及表达区域研究

作　　者　乌日图
责任编辑　张林刚
封面设计　布拉格
出 版 者　中央民族大学出版社
　　　　　北京市海淀区中关村南大街27号　邮编：100081
　　　　　电 话：68472815（发行部）　传真：68932751（发行部）
　　　　　　　　68932218（总编室）　　　　68932447（办公室）
发 行 者　全国各地新华书店
印 刷 厂　北京宏伟双华印刷有限公司
开　　本　787×1092（毫米）　1/16　印张：7.5
字　　数　120千字
版　　次　2012年10月第1版　2012年10月第1次印刷
书　　号　ISBN 978-7-5660-0278-5
定　　价　30.00元

教育部

“长江学者和创新团队发展计划”

资助出版

(IRT 0871)

(Supported by progrom for Chungjiong Scholurs and Innovative Research Team in Univesity PCSIRT)

目　　录

第一章　绪　　论

第一节　关于人畜共患“新发、再发感染症”

近年来，疯牛病、禽流感、尼帕病等人畜共患病疫情在世界范围内不断出现，表现出日益复杂的发生和流行趋势，给畜牧业生产造成了巨大的经济损失，同时直接威胁到人类的生存和发展。更可怕的是，新出现的各种感染性疾病，越来越呈现出“人禽共患”或“人畜共患”的关系。对于人畜共患疾病，从某种意义上说，人类对于来自动物尤其是家畜病患的威胁，抵御更为不易。历史上曾有多次人畜共患病大流行，如强大的古罗马帝国因鼠疫大流行，而致人口死亡过半。中世纪欧洲多次发生鼠疫，人的死亡率达40% ~60%。西方国家近几年疯牛病也此起彼伏。美国疾病预防与控制中心报告，2003 年 6 月初，美国因草原犬鼠等野生啮齿动物引发了猴痘疫情。我国卫生部最近公布的 2003 年上半年全国重点传染病疫情中，位居死亡数和病死率榜首的是狂犬病。不少资料显示，2003 年横行一时的“非典”也有可能来源于动物。人畜共患病严重地影响了社会的发展，直接或间接地危害人类的身体健康。

在 1994 年以美国总统克林顿所任议长的美国科学技术议会中特别设立了以研究威胁当今世界的“Emerging and Re – emerging Infectious Diseases”的科研组织。从此新发感染症“Emerging Infectious Diseases”和再发感染症“Re – emerging Infectious Diseases”等用词在美国及各国的官方公文以及报道中逐渐多了起来。

新发感染症“Emerging Infectious Diseases”的定义是最近新发现的病原

微生物所引起的感染症，而再发感染症“Re – emerging Infectious Diseases”的定义是一直被认为消灭了的病原微生物等再次复然所引起的感染症。此类新发感染症在各类病原性菌种里都有发现。

因此，我们有必要初步了解主要人畜共患疾病的预防知识，才能有效控制和消灭它。古时人们已发现自己能受某些动物疾病的传染。如《左传》中即记有中国春秋时代鲁国“瘈狗”为患的事，已知狂犬病是由疯狗咬伤而传染给人的。1972 年中国湖南长沙马王堆出土的一号汉墓女尸以及 1975 年湖北江陵纪南城凤凰山出土的西汉早期男尸的肝和直肠结节压片中均见到典型日本血吸虫卵；埃及的木乃伊中也发现钙化的埃及血吸虫卵，都说明家畜中血吸虫为害人体健康的历史已经很久远了。历史上多次人畜共患疾病的大流行曾对人类造成重大损害。例如，公元 592 ~ 594 年一次鼠疫大流行曾使罗马帝国半数人口死亡。中世纪鼠疫又多次在欧洲流行，病死率达 40 ~ 60%，造成社会极大恐慌和动乱。中国清代嘉庆年间，云南赵州发生鼠疫，州人师道南有《鼠死行》一诗云：“东死鼠，西死鼠，人见死鼠如见虎，鼠死不几日，人死如圻堵……三人行未十步多，忽死二人横截路。”可见这种人畜共患疾病危害之烈，甚至可以构成严重的社会问题。

本书的主要内容就是关于新发感染症之一的“Human anaplasmosis”起因病原菌，隶属立克次体菌属成员的“*Anaplasma phagocytophilum*”（略 *A. phagocytophilum*）基因构造方面的研究。

一、人畜共患疾病的概念

人畜共患疾病是由“Zoonosis”这个词翻译而来，意思是指由动物传染给人的一些病。但是 19 世纪 70 年代以来，全球范围新出现传染病“emerging infectious diseases，EID”和重新出现传染病“re – emerging infectious diseases，R – EID”达到 60 多种，其中半数以上是人兽共患病，即不仅仅是人类与其饲养的畜禽之间存在共患疾病，而且与野生脊椎动物之间也存在不少共患疾病，后者甚至在猛烈程度上甚于前者。于是，1979 年世界卫生组织和联合国粮农组织将“人畜共患病”这一概念扩大为“人兽共患病”，即：人类和脊椎动物之间自然感染与传播的疾病。人畜共患病的概念为由同一种病原体引起，流行病学上相互关联，在动物和人之间自然传播的疫病。病原体包括细菌、病毒、支原体、衣原体、螺旋体、立克次体、真菌、原生动物和内外寄生虫等，它们的传播可能通过与患病动物的直接接触，经有生命的媒介（如蚊，蝇，蚤，蜱等）和无生命的污染物以及摄入带病原的饮水和食品而发生。在人畜共患传染病中，绝大部分以动物作为传染源，人作为传染源的病例较少见。其中由野生动物引起的人畜共患病又称为自然疫源性疾病。

人畜共患病也称为动物源性疾病，除了源于家畜、家禽和饲养的宠物外，还可源于野生动物、鸟类、水生动物及节肢动物等。一般生存在病畜禽和带菌动物及病人呼吸道表面的病原体以飞沫、飞沫核或气溶胶的形式较长时间地悬浮于空中，当人或动物吸气时，就有可能把含有病原体的飞沫吸入体内。也有通过水和食物等媒介经消化道传播的，也有较多的是通过人畜皮肤直接或间接接触感染的，也有一部分是通过节肢动物，如蚊、蝇、蟑螂、蜱、虻、虱、蚤等叮咬传播的。

据不完全统计，全世界已证实的人畜共患传染病和寄生性动物病有 250 多种，其中较为重要的有 89 种，已知在全世界许多国家存在并流行的有 34 种。实际上人畜共患病还远不止这个数，因为尚有许多传染病和寄生虫病还没有被人们所认识。我国已证实的人畜共患病约有 90 种。我国目前已发现和明确的人畜共患疾病大致有：鼠疫、布鲁氏菌病、结核病、鼠伤寒沙门氏菌病、恙虫病、钩端螺旋体病、肾综合征出血热、登革热、弓形虫、艾滋病、结核病、军团病、莱姆病、斑点热、耶氏菌病、空肠弯曲菌病、狂犬病、O：157 大肠杆菌病、人类埃立克次体病、幽门螺杆菌病、隐孢于虫病、乙型脑炎、流感、禽流感、辛德毕斯病、某些环状病毒病、SARS 等等。这些人畜共患疾病有的早已发现和认识，有的已被消灭或控制，有些是近年来才陆续被发现的。

二、人畜共患疾病流行现状与特点

20 世纪中期以来，人畜共患疾病的流行呈活跃态势，不少新病种是从非洲传出的，宿主和媒介也很特殊，如艾滋病、埃博拉等。有人说，非洲腹地的热带雨林是致病微生物的“潘多拉盒子”。流行的主要原因还是与人员的流动与开发有关。此类病的流行特点大致有：

人畜共患。在历史上，给人类带来巨大灾祸的人畜共患疾病有许多种，绝大多数都与脊椎动物，尤其是啮齿类动物有关。野生动物是自然疫源地中病原体的巨大天然储藏库。历史上，许多重大的人类疾病和畜禽疾病都来源于野生动物，由于人们对地球的开发范围扩展，使一些人迹罕至地区潜伏于某些野生动物体内的病原体被带入城市，引发一幕幕疫情暴发的悲剧。

危害严重。远者如鼠疫，又称“黑死病”。感染者死亡以千万计，疾病引发整个国家或地区性彻底毁灭的事件在史料中并不鲜见。近者如埃博拉病毒。1976年，初现于非洲刚果民主共和国，数次暴发已显现其巨大杀伤力。全球死于该病的人已有一万，感染者死亡率高达80%即好莱坞巨片《恐怖地带》形象描绘了该病流行的可怕情景。

艾滋病病毒最早来源于非洲的绿猴，由于非洲某些乡村部落有食用猴血来刺激性欲的陋俗，并愚蠢地将公猴血和母猴血分别注入男、女人的大腿处或耻骨区及手背、臂上，甚至以注射猴血的方法来治疗妇女的不孕症和男性阳疾，造成艾滋病病毒在人群间蔓延，引发巨大灾难。

畜牧业的浩劫。近年来，世界各地闹得沸沸扬扬的“艾滋病、疯牛病、李斯特菌、SARS、禽流感、猴痘、西尼罗热”等风波，其实都是人畜共患疾病惹的祸，疯牛病、李斯特病使英、法乃至整个欧洲的传统养牛业遭遇毁灭性打击，一蹶不振。1997年香港特别行政区发生禽流感，被宰杀处理的鸡数以百万计，并一度引发“恐鸡症”，引发了很大的社会问题。

人畜共患疾病病种越来越多，旧患未除，又添新病。病原体复杂多样，要消灭一个病种非常困难，只能积极防治，控制在不足为患的程度上。近几十年来，人类的经济发展步伐加大，大举进入一些人迹罕至的原始生态地区进行开发，人群、动物、物质的流动大大增加，而防治措施并未加强，以致发病增多。

流行因素不断增多。如都市家庭中饲养宠物已成时尚，人畜共患疾病也从农村、牧区进入城市。人们在尽享宠物带来的快乐时，也增加了患“宠物病”的风险。

畜禽产业及产品的风险增高，此类疫情主要有：口蹄疫、禽流感、猪瘟、鸡新城疫、猪繁殖与呼吸道综合征、传染性胸膜肺炎、圆环病毒、猪伪狂犬病、鸡传染性支气管炎、传染性法氏囊病、鸡马立克病、减蛋综合征等，发病面广、多属人畜共患，对畜禽养殖业，对人民健康危害重大。

动物疫情主要来源有二：一是家庭散养户，二是外地输入的病畜。发病因素主要有：（1）人对家庭散养畜禽免疫不落实，免疫覆盖率低，冷链系统不完善。（2）从外地调入活畜，无法严格管治，数量大，活畜病畜沿途排泄，污染环境，病原沿途播散，交通沿线多已成为传播病原的疫源地，存在着动物疫情向人间播散、蔓延的重大隐患。

三、人畜共患疾病的分类及共同特点

1. 分类

人畜共患病的分类方式，世界各国不尽相同，可以从其病原、宿主，流行病学或病原的生活史等角度而有多种分类法，目前应用较多的有如下两种方法：按病原体种类进行分类可分为病毒性、衣原体性、立克次氏体性、细菌性、真菌性和寄生虫性等类和按病原的生活史分类可分为直接传播性共患疾病、循环传播性共患疾病、媒介传播性共患疾病和腐物传播性共患疾病等类。此外按病原体储存宿主的性质还可分为畜源性、人源性、互源性和真性四类。

（1）按病原体种类进行分类

①由细菌引起的人畜共患病如鼠疫、布氏杆菌病、鼻疽、炭疽、猪丹毒、结核病等。

②由病毒引起的人畜共用病，如流行性乙型脑炎、狂犬病、口蹄疫等。

③由衣原体引起的人畜共患病，如鹦鹉热等。

④由立克次氏体引起的人畜共患病，如恙虫病、Q 热等。

⑤由真菌引起的人畜共患病，如念珠菌病等。

⑥内寄生虫引起的人畜共患病，如弓形体病、旋毛虫病、绦虫病等。其

中：属于原虫有弓形体、肉孢子虫、隐孢子虫；属于吸虫有东毕血吸虫、肝片吸虫、中华双腔吸虫、卫氏并殖吸虫、华枝睾吸虫；属于绦虫有猪囊尾蚴、棘球蚴、多头绦虫、牛囊尾蚴、犬复殖孔绦虫、微小膜壳绦虫；属于线虫有旋毛虫、弓首蛔虫、肾膨结线虫；蝇蛆有羊狂绳蛆。

（2）根据病原体的生活史分为如下4类，其优点是有利于流行病学的研究和防治措施的制定

①直接传播性共患疾病：病原体在脊椎动物和人之间通过直接接触媒介动物或污染物而传播，在传播过程中大多没有生活史上的发育。重要者有狂犬病、口蹄疫、水疱性口炎、流行性感冒、新城疫、牛痘、拉沙热、马尔堡病、淋巴细胞性脉络丛脑膜炎（以上为病毒病）、鹦鹉热（衣原体病）、炭疽、鼻疽、布鲁氏菌病、结核病、沙门氏菌病、耶氏杆菌病、弯曲杆菌病、类丹毒、钩端螺旋体病和鼠咬热（以上为细菌病）等。

②循环传播性共患疾病：病原为完成其循环感染或发育史，需要有一种以上的脊椎动物，但不需无脊椎动物参与。重要者有人的猪肉绦虫病、牛肉绦虫病、猪和人的囊虫病、旋毛线虫病以及棘球蚴病（均为寄生虫病）等。

③媒介传播性共患疾病：在病原体的生活史中需要有脊椎动物和无脊椎动物的共同参与，病原体在无脊椎动物体内繁殖，或在其体内完成一定的发育阶段，才能传到一种脊椎动物宿主。重要者有日本乙型脑炎、各型传染性马脑脊髓炎、蜱传脑炎、圣路易脑炎、黄热病、绵羊跳跃病（以上为病毒病）、地方性斑疹伤寒、落基山斑疹热、恙虫病、Q热（以上为立克次氏体病）、地方性回归热、鼠疫（以上为细菌病），以及黑热病、疟疾、锥虫病、血吸虫病、肺吸虫病和华支睾吸虫病（以上为寄生虫病）等。

④腐物传播性共患疾病：病原需要一种脊椎动物宿主和一种非动物性的滋生地或储存处如土壤、污水、饲料、食品、植物等。主要有肉毒梭菌中毒（细菌病）、曲霉菌病、隐球菌病、球孢子菌病、组织胞浆菌病（以上为真菌病）等。

此外，也有一些重要共患疾病，如各型出血热、裂谷热土拉杆菌病（兔热病）、李斯特氏菌病、类鼻疽、弓形虫病等都有一种以上的传播方式，不便用上述方法分类。

（3）按病原储存宿主的性质分类

动物源性人畜共患病（又称为兽源性人畜共患病）：这类病是主要在动物中传播。偶尔感染人的人畜共患病，如棘球蚴病、旋毛虫病和马脑炎等。

人源性人畜共患病：指通常在人类传播，偶尔感染某些动物的人畜共患病，如人型结核、阿米巴痢疾等。

双源性人畜共患病（又称人畜并重的人畜共患病）：是指在人、动物及人与动物之间均可传播的人畜共患病，如日本血吸虫病和葡萄球菌病等。

真性人畜共患病，是指病原体的生活史（多见于寄生虫病）需在人和动物体内连续进行，缺一不可，如猪绦虫病和牛绦虫病。

2. 共同特点

各种人畜共患疾病的病原、传播方式、感染途径及宿主的病理变化虽不一致，仍可发现有如下一些共同特点：

（1）既为害家畜，又严重为害人体健康和公共卫生

常见的有炭疽、沙门氏菌病、钩端螺旋体病、各型传染性马脑脊髓炎和多种寄生虫病等。拉丁美洲和加勒比海地区估计有73%以上的人口遭受150余种人畜共患疾病的威胁，至少有50%的人口在其一生中感染一种以上的人畜共患疾病。以前人的肠炭疽和肺炭疽的病死率常在90%以上，而人的肺型和败血型鼠疫的病死率可高达100%。鼻疽和鹦鹉热也是致人死命的疾病。狂犬病无论对动物和人几乎都无例外地致死。即便是一些对家畜的致死率较低、对人也只引起轻微症状的疾病如口蹄疫，也由于患病性畜肉、奶产量降低，其传播又极其迅速，常需采取广泛封锁、隔离甚至关闭国界等措施，也常造成巨大经济损失。有些共患疾病对人体所造成的慢性感染，如牛型结核病、布鲁氏菌病、旋毛线虫病、血吸虫病等虽不迅速致死，但使人长期虚弱，丧失劳动力，也属恶疾。

（2）病原的宿主谱一般很宽广

有的在实验条件下甚至可感染多种在分类系统上相距甚远的动物。例如炭疽和狂犬病几乎可以感染所有的哺乳动物和人类。鼠疫可以感染多种啮齿动物，再由蚤，蜱虫等传播于人和多种家畜包括骆驼、绵羊、山羊、犬、猫、驴、骡等。各型钩端螺旋体除各有其一二种主要宿主外，还可以多种啮

齿动物、野兽、水鸟为其次要宿主，并多能通过它们的排泄物污染水域和泥土而感染人类。弓形虫和血吸虫等多种寄生虫的宿主谱也很宽。很多人畜共患疾病是自然疫源性疾病，在人迹不常到的山野和丛林，病原、媒介动物和宿主三者可长期共生于同一环境而自然延续不断，其中大部分表现为隐性感染，当人类进入或开发这些地区时即易受其感染。这些宿主谱很广而且具有自然疫源地的疾病，特别难于消灭。

（3）很多是职业病，直接影响劳动者的健康

例如从事羊毛分级打包、剪毛、制裘、制革、制毛刷的工人易患炭疽；稻农易患血吸虫病和钩端螺旋体病；牧羊人、接羔员、挤奶员易患布鲁氏菌病；养猪者和渔民易患类丹毒、弓形虫病和日本脑炎；常与马匹接触的饲养员、赶车工、蹄铁工、骑兵、马术师等易患鼻疽；野外工作人员容易感染野生动物的人畜共患疾病；而屠宰工人和兽医则对上述所有各种疾病都易感染。

（4）很多是食品源疾病

如人的猪肉绦虫、牛肉绦虫和旋毛虫都是由于食入含有这些虫蚴而未经煮熟的肉而感染的。肠炭疽、沙门氏菌病等多种食物中毒疾病也由食入或与带菌（毒）的不洁食物接触而感染。肉品检验规程中规定有几十种疾病的胴体或内脏要废弃或无害处理，全属人畜共患疾病。

5）都可为研究人类传染病提供良好的动物模型

这是由于只要病原体入侵的径路相同，人和动物的临床症状、病理变化等大体相似。如原认为布鲁氏杆菌病在人体多表现波状热，而在家畜则多局限于乳腺和胎盘；近年已证实牛、马、羊也和人同样表现波状热。人的 Q 热病原体感染症通过呼吸道感染，有时和动物身上的症状有差异；但人如用 Q 热病原体经呼吸道感染猴子，则其症状与人相同。

四、人畜共患疾病的防治策略及措施

对人畜共患疾病的防治涉及人、动物、环境，对一系列危害性极大的人畜共患疾病开展防治，需要政府以及多学科、多部门的协同配合，要有公共

卫生学、临床学、病原学、流行病学、分子生物学、生态学、微生物学、昆虫学、动物学、社会科学、人文科学等方方面面的专家参与，要有卫生、农业、林业部门、科研机构、医学院校等多方面协调和配合，充分整合资源，全力协同攻关，才能有效扼制来自人兽共患病的进攻。

（1）建立高效的动物防控体系

控制重大人畜共患病疫情是行之有效的体制运行模式，就是建立按照属地管理的原则，实行政府统一领导、部门分工负责，逐级建立责任制动物疫病防制体系，形成针对包括人畜共患病在内的各类动物疫病有效、统一的防控体系。

（2）加强监测，建设流行病学数据库

遵守《病原微生物实验室生物安全条例》，加强人畜共患病的监测和检测。加大监测网络及各种预警预报系统的投资和建设，建设人畜共患流行病学资料库，组建相应的专家系统，从病原学、病理学和免疫学等多方面开展研究，及时对疫情反馈信息进行处理、确诊、分析和实地调查，提高疫情预警预报系统运行的精确程度，有助于加强防疫体系的快速反应能力，为有效地防控危害严重的动物疫病提供技术支持和保障，争取做到防患于未然。

（3）加强相应的技术储备

进行合理的技术储备，是使我们最终战胜动物疫病的基础和必备条件，合理的技术储备，包括人员的技术技能储备和科学技术储备，首先对人员要加强科技培训，经常进行培训工作。通过培训，普遍提高包括基层人员在内的各类从业人员的业务素质和技术水平；对于科学技术储备，除了研制和改进常规疫苗和常规防制手段之外，当务之急是发展高效、新型基因工程疫苗和标记疫苗，同时积极开展基因治疗方面的研究，以实现对动物疫病的有效防控。

对人畜共患疾病主要的防治方法有下列几种，可单独使用，亦可结合进行。

①免疫预防

L. 巴斯德于19世纪80年代首创的三种疫苗中，有两种就是对抗最危险的人畜共患疾病炭疽和狂犬病的，后在其基础上不断作了改进。其他如布鲁氏菌病、钩端螺旋体病、口蹄疫、各型马脑脊髓炎、蜱传脑炎等也都先后制成了有效的疫苗，多应用于家畜，同时也使人的感染大为减少。

②消灭传播媒介和储存宿主

最重要的传播媒介是蚊、蜱等类节肢动物，最重要的储存宿主是各种啮齿动物，特别是家鼠和野兔以及野狗、狐、獾等。控制或消灭这些生物就可截断许多人畜共患疾病，例如日本脑炎、各型马脑脊髓炎、鼠疫、野兔热和多种寄生虫病的传播途径而减少其发生。

③治疗

磺胺、抗生素等是有效的治疗手段。如人的炭疽、鼠疫、结核病、野兔热、钩端螺旋体病等都可用各种抗生素治疗。治人畜共患寄生虫病如血吸虫病和绦虫病等的有些药物，可以同时应用于人、畜。

④采取消毒、检疫、隔离、封锁、淘汰等兽医卫生措施

可与免疫预防同时进行。平时，可通过肉品和食品卫生检验发现人畜共患疾病的病源而将其消灭。当疫病流行时，隔离、封锁、消毒、检疫等措施可以将疫病局限于一定范围之内，然后通过定期的检验检出阳性病畜加以淘汰，使患病畜群逐渐净化，以免扩散和传染。对少数免疫力微弱的慢性疾病如马鼻疽，有的国家将病马集中于小范围内使役并严加管理，直至其自然死亡。

⑤扑杀屠宰

一般在认为上述各种方法得不偿失时采取。有的国家为了防止某种外来疾病传入，常采取将边界地区某种牲畜全部屠宰的办法，以造成一个隔离带。

⑥疫情监测和国际间的技术与情报合作

动物感染的监测可作为人类感染的预警。动物感染率曲线的升高，预示着动物疾病传染给人的可能性增大。每个国家都应有一个世界兽疫流行情况的监测系统，当发现外国特别是邻国发生某种兽疫时，即应采取相应措施，防止疾病传入。在国际交往频繁、旅游事业发达的今日，更应注意通过人、畜，特别是媒介动物等传入本国前所未有的人畜共患疾病。

现在防治人畜共患疾病已成为卫生、农牧、兽医、商业、外贸、交通、

旅游、边防等许多部门的共同任务。虽然一些传统古典的人畜共患疾病已通过有效的防治措施而得到了控制，但由于一些丛林地区的开发，一些野生动物特别是猴类大量被捕捉用作实验动物，又发现了一些新的人畜共患疾病，其中较为重要的有马尔堡病、恰萨诺尔森林病、（苏丹）埃博拉热、拉沙热等。巴贝斯虫、血管圆线虫近来已发现能传于人类。此外，还发现人和家畜的轮状病毒、冠状病毒、弯曲杆菌等有互相传染散播的趋势。这说明人的干预可以使某些人畜共患疾病归于消灭，但同样也可为其他人畜共患疾病创造新的生态条件，因此需要将这方面的研究提高到一个更高的水平。

由于职业等原因与动物接触频繁的人，要经常注意个人的卫生防护，当皮肤有破损时，更要小心防止从畜禽感染上病毒或病菌；动物养殖场里人的生活区要远离动物饲养区；饲养宠物的人士要学习一些有关人与畜禽共患疾病的知识，知道宠物应定期进行某些疾病的预防接种，懂得任意与宠物拥抱、亲吻、食同桌、寝同床这些过分亲热的行为都是不卫生和有害的；食物要讲究卫生，如选用经过检验的乳、肉、蛋品，并提倡熟食。食生蛋、生食鱼、饮蛇血、吃醉蟹等不良爱好，都有可能从动物染上共患病，小心为好。

第二节 立克次体（*Rickettsia*）

一、立克次体的形态与特征

立克次体也称立克次氏体，是一类细菌，但许多特征和病毒一样，如不能在培养基上培养，可以通过瓷滤器过滤，只能在动物细胞内寄生繁殖等。直径只有 0.3 – 1μm，小于绝大多数细菌。立克次体有细胞形态，除恙虫病立克次体外，细胞壁含有细菌特有的肽聚糖。细胞壁为双层结构，其中脂类含量高于一般细菌，无鞭毛。同时有 DNA 和 RNA 两种核酸，但没有核仁及核膜，属于适应了寄生生活的 α – 变形菌。革兰染色呈阴性，效果不明显。立克次体取名是为了纪念美国病理学家霍华德·泰勒·立克次（Howard Taylor Ricketts，1871 年 2 月 9 日—1910 年 5 月 3 日），立克次在芝加哥大学工作期间发现了落基山斑点热和鼠型斑疹伤寒的病原体（立克次体）和传播方式。近年来，随着立克次体分子生物学（16srRNA 序列、DNA - DNA 杂交、全 DNA 或基因片段、质粒等）研究的进展，旧的立克次体分类已不能完全反映立克次目中所有种属的全貌，应运而生的是根据遗传物质对立克次体进行新的分类。16srRNA 序列的分析显示，立克次体可分为 α、γ 两个亚群，α 亚群包括立克次体（*Rickettsia*）、埃立克次体（*Ehrlichia*）、埃菲比体（*Afibia*）、考德里体（*Cowdria*）和巴通体（*Bartonella*）；γ 亚群包括柯克斯体（*Coxiella*）和沃巴哈体（*Wolbachia*）。近来并已发现很多新的种属如日本立克次体（*Rickettsia japonica*）、查菲埃立克次体（*Ehrlichia chaffeensis*）、腺热埃立克次体（*Ehrlicha sennetsu*）、汉赛巴通体（*Bartonella henselae*）等。罗卡利马体（*Rochalimaea*）的名称已为巴通体所取代，故战壕热的病原体也应改称为五日热巴通体（*Bartonella quintana*）。新发现的的立克次体多数与人类感染有关。

立克次体病是一类严重威胁人类健康的人兽共患自然疫源性疾病。该病多发生在热带与亚热带国家和地区。目前，在发达国家立克次体病已经得到了有效的控制，为吸取在第一次世界大战期间流行性斑疹伤寒给人类带来的深重灾难，数以百万计的人死于该病，在第二次世界大战期间巴尔干半岛爆发的 Q 热流行以及东南亚地区恙虫病肆虐流行的教训，在这些国家始终没有间断对立克次体病的研究。美国每两年，国际上每四年召开立克次体专业会议;我国每五年召开一次包括立克次体在内的四体（立克次体、衣原体、螺旋体及支原体）学术会议进行交流。当前，美国反对生物恐怖主义（*Bioterrorism*）已将流行性斑疹伤寒、落基山斑点热以及 Q 热列在生物战剂名录中。

自新中国成立以来，我国已将流行性斑疹伤寒、地方性斑疹伤寒列入传染病防治法中乙类传染病管理，在立克次体病监测和控制方面均取得了很大进展。从病人分离出病原体以及从基因检测证据表明我国至少存在 10 种立克次体病。其中包括流行性斑疹伤寒、地方性斑疹伤寒、恙虫病、北亚蜱传斑点热、黑龙江蜱传斑点热、内蒙古蜱传斑点热、Q 热、人单核细胞埃立克次体病（HME）、人粒细胞埃立克次体病（HGE）以及巴尔通体病等(表1－1)。

表1－1 我国存在的立克次体病

疾 病	别 名	病原体	发现时间	发现者
流行性斑疹伤寒 Epidemic typhus	虱传斑疹伤寒 louse bome typhus	普氏立克次体 Rickettsia prouazeki	1933	张汉民等
地方性斑疹伤寒 Endemic typhus	鼠型斑疹伤寒，蚤传斑疹伤寒 Murine typhus, Flea bome typhus	莫氏立克次体 Rickettsia mooseri 或 R. typhi	1932	儿玉诚等
恙虫病 Tsutsugamushi disease	丛林斑疹伤寒 Scrub typhus	恙虫病东方体 Orientia tsutsugamushi	1952	赵树萱等
北亚蜱传斑点热 North Asian tick bome spotted fever	北亚热 North Asia fever	西伯利亚立克次体 R. sibirica	1984	范明远等
黑龙江蜱传斑点热 Heilongjiang tick bome spotted fever	黑龙江斑点热 Heilongjiang spotted fever	黑龙江立克次体 R. heilongjiangii	1996	吴益民等
内蒙古蜱传斑点热 Inner Mongolin tick bome spotted fever	内蒙古斑点热 Inner Mongolia spotted fever	内蒙古立克次体 R. mongolotimonae	1996	Raoult D 等
慢性 Q 热 Chronic Q fever		贝纳氏哥克斯氏体 Coxiella bumetii	1962	俞树荣等
急性 Q 热 Acute Q fever		同上	1963	范明远等
人单核细胞埃立克次体病 Human monocytic ehrlichiosis HME		查非埃立克次体 Ehrlichia chaffeensis	2000	高东旗等
人粒细胞埃立克次体病 Human granulocytic chrlichiosis diseases HGE		人粒细胞埃立克次体 Human granulocytic ehrlichia	2000	高东旗等
猫抓病 Car scratch diseases		汉赛巴尔通体 Bartonella henselae	2004	栗冬梅等

二、繁殖与传播形式

大多数立克次体需要寄宿于活体有核细胞，繁殖方式为二分裂，6－10小时可繁殖一代。不同的立克次体在细胞内的分布亦有所不同，如普氏立克次体为分散分布，恙虫病立克次体则聚集在细胞核外表面附近，五日热巴通体可黏附在细胞外表面，也可在无细胞的培养基中生长。在pH＝8时生长稳定，因此可算作嗜碱性细菌。适宜在32～35℃时生存，也可耐低温与干旱。在实验室内多采用鸡胚胎细胞或小鼠细胞培育。许多种立克次体可引起人类和动物的严重疾病，有的立克次体对干燥的抵抗能力极强，许多立克次体可侵入节肢动物体内，如虱、蚤、蜱、螨等，当这些节肢动物叮咬人类或动物时，就会引起疾病，如多种斑疹伤寒、斑点热、猫抓病、Q热、埃里希体病、巴通体病、埃立克次体病等。Q热在少数情况下甚至能通过空气传播。致病性立克次体感染人体后，大多会出现头痛不适、发热、出疹等共同症

三、感染机制

在进入体内后，立克次体先与宿主细胞上的受体结合，进入宿主细胞内，接下来会在局部淋巴组织或血管内表皮组织内繁殖。然后经由淋巴液和血液扩散至全身血管系统内，导致大量细胞破损、出血。血管壁细胞破损后，血管通透性增强，血液渗出，在皮肤上表现为皮疹。有些立克次体在侵入宿主时，会释放出溶解磷脂的磷脂酶A，大量聚集后会导致细胞破裂。立克次体还会释放脂多糖，因而导致内皮细胞损伤，出现中毒休克等症状。虽然不同的立克次体症状不同，但主要症状都为血管病变，有时还会出现血栓。由血管病变，立克次体还会引起神经、呼吸、循环系统的并发症。症状被立克次体感染后有约为10天的潜伏期。发病后的初期症状为发热、头疼，还会出现毒血症症状，如头晕耳鸣、四肢酸疼等。4－5天后感染者开始出现粉红色皮疹，随着时间推移皮疹开始蔓延，严重者全身均可见到皮疹。这一阶段的患者仍有高温，并伴随着神经精神症状，严重者可能精神错乱或昏

迷。也可能会伴随着中毒性心肌炎。4－8日后皮疹开始褪色，体温恢复，症状好转，精神症状的恢复则需要更多时间。年老体弱、免疫系统受损者可能会发生严重症状乃至死亡。对该类微生物的免疫以细胞免疫为主，感染后可获得较强免疫力。

第三节　新发感染症 Human ehrlichiosis（HMG）与 Human anaplasmosis（HGE）

一、*A. phagocytophilum* 与 *E. chaffeensis* 病原体的形态与特征

新发感染症人类粒细胞性埃立克次体病“Human anaplasmosis”与人埃立克氏体病“Human ehrlichiosis”是由吸血蜱虫为传播媒介的发热性疾病，它们的病原体是属立克次氏体目、立克次体科细菌群，是以感染造血系细胞为主的专性寄生性革兰氏阴性杆菌（图1－1）。

到目前为止医学界已经发现了3种人类埃立克次体病。即：查菲埃立克次体（*Ehrlichia chaffeensis* 略 *E. chaffeensis*）引起的人类单核细胞性埃立克次体病（Human monocytic Ehrlichiosis，HMG）；人类粒细胞性埃立克次体引起的人类粒细胞性埃立克次体病（Human Granulocytic Ehrlichia，HGE）和由腺热埃立克次体（*E. sennetsu*）引起的人类腺热（亦称传染性单核细胞增多症）。

查菲埃立克次体是微小的、革兰氏阴性、严格细胞内寄生菌，为人单核细胞埃立克次体病的病原体，属于立克次体科的埃立克次体族。1987年在美国首次报告人类单核细胞性埃立克次体病，并于1991年分离到其病原体查菲埃立克次体。本病现已呈世界性分布，美、亚、非及欧等各大洲均有病例报告。病人均有发热，大部分有寒战、头痛和肌痛等类似于流感的症状，严重者可致死。

自从1987年和1994年在美国首次报道了人类单核细胞性埃立克次体病和人类粒细胞性埃立克次体病以来，血清流行病学调查证实了世界上的其他

地方也存在这些疾病。1991 年和 1995 年在欧洲也发现人类单核细胞性埃立克次体病和人类粒细胞性埃立克次体病。在非洲地区开展人类单核细胞性埃立克次体病血清学调查，结果显示当地这种疾病相当罕见。1991—1992 年李芹阶等用查非埃立克次体抗原做微量间接免疫荧光试验，证明我国云南地区的军犬和健康人血清中存在查非埃立克次体抗体，而且不少地区经常有发热待查及类似埃立克次体病临床表现的病例和家畜发生。1996 年 Dawson 等研究者用 PCR 扩增技术从犬血液标本中扩增出查非埃立克次体的基因片段，1998 年 Nicola 等用间接免疫荧光试验从瑞典的红狐体内检出犬埃立克次体抗体，提示人们这些动物有可能是埃立克次体的保存宿主。

人类单核细胞性埃立克次体病在每年的蜱活动期间流行，大部分病人出现在 5 -7 月。易感人群为有关蜱分布区的乡村居民，高尔夫球场人员以及野外宿营者。绝大多数病人在被蜱咬或接触蜱 3 周后发病。在美国，现已发现超过 400 多例人类单核细胞性埃立克次体病患者，这些病例主要分布在南部和东南部，由当地存在的美洲钝眼蜱和变异革蜱作为媒介进行传播。我国蜱类繁多，分布广泛，与美国携带埃立克次体的蜱相近的蜱种在我国许多地区都存在，提示我国可能也有埃立克次体病原体和埃立克次体病的存在。

“无形体”病（Human anaplasmosis）是一种由寄生于细胞内的寄生菌立克次体（*Rickettsia*），主要通过蜱（也叫壁虱）叮咬传播。蜱叮咬携带病原体的宿主动物（主要有鼠、鹿、牛、羊等野生和家养动物）后再叮咬人，病原体可随之进入人体，主要侵染人体末梢血的中性粒细胞。无形体病以发热伴白细胞、血小板减少和多脏器功能损害为主要特点，潜伏期 1 -2 周，大多急性起病，持续高热，可达 40℃ 以上。其临床表现主要为全身不适、乏力、头痛、肌肉酸痛以及恶心、呕吐、厌食、腹泻等。可伴有心肝肾等多脏器功能损害。

1990 年，来自美国威斯康星州的一名患者在被蜱螫伤后 2 周，发生热病死亡。在感染后期，医师观察到该患者外周血中性粒细胞内有小簇细菌。研究者开始时推测这是患者免疫细胞对革兰阳性球菌吞噬作用的结果。血涂片检查发现，该患者的症状与人埃立克次体病相似，外周血单核细胞周围有细菌聚集。但是血液培养和查非埃立克次体（*E. chaffeensis*）特异性血清学和免疫组化检测都找不到人单核细胞埃立克次体病的病原体。随后的 2 年中，有 13 例相似病例在美国被陆续发现。

1994 年，美国得州大学 Chen 等首次报告了人颗粒细胞无形体病（HGA）（J Clin Microbiol 1994，32：589）。后来研究发现，HGA 是由嗜吞噬细胞无形体侵染人末梢血中性粒细胞引起，其症状与某些病毒感染性疾病相似，易发生误诊，严重时可导致死亡。后经过 DNA 测序等分子水平鉴定，发现该病的病原体与查菲埃立克次体不同。该病开始时被命名为人颗粒细胞埃立克次体感染症（HGE），因为其致病原在形态学和血清学检测提示该病原与马埃立克次体和吞噬细胞埃立克次体相似（图 1－1）。随后，研究者提出，对立克次体科和无形体科家族重新分类，直到 2001 年，随着 *Anaplasma phagocytophilum* 从 *Ehrlichia* 属更变为 *Anaplasma* 属后该病原体的学名才被正式改名为现在的 *Anaplasma phagocytophilum*（略 *A. phagocytophilum*），病名为“Human anaplasmosis”。病原体命名为“Human Granulocytic Anaplasmosis（HGA）agent”。以上 2 种病原体都是直径 0.5—1.0um 大小，有时表现为多型。进入体内的 *E. chaffeensis* 可直接感染于人体免疫细胞的单核细胞，而 *A. phagocytophilum* 则感染免疫细胞的颗粒细胞，主要在细胞质中的空胞内繁殖形成一个类似“桑的果实”似的小集团，我们称之为“morula”（图 1－1）。埃立克次体属和无形体属包含了所有感染外周血细胞的蜱传播疾病病原。

以上两种病原体所引发疾病的临床症状比较相似。在被携带病原体的吸血蜱虫叮咬后，经过 5－10 天的潜伏期后会出现发热高烧，寒颤，疲倦，贫血，头痛，肌肉和关节疼痛，痢疾，白细胞减少，血小板减少等症状，幼儿会出现出疹现象。这也是立克次体感染症的共有症状。作为诊断方法现阶段由于人们对上述病原体的了解还不太全面所以主要采用间接荧光抗体法和复合酶核酸增幅法（PCR）来确认。治疗一般用抗生素药物 tetracycline（四环素）比较有效。但是延误治疗时会出现像 HIV 患者类似的免疫力低下，持续性高烧，肾功能衰竭，DIC 等症状直至死亡。所以美国疾病防疫中心（CDC）把此病症与立克次体症并列为重要的感染症之一。

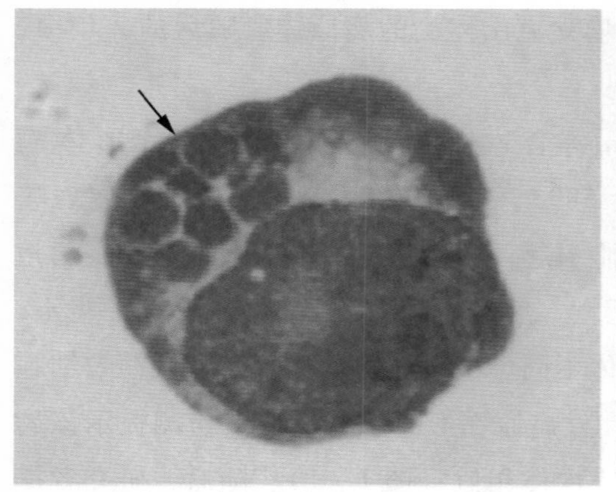

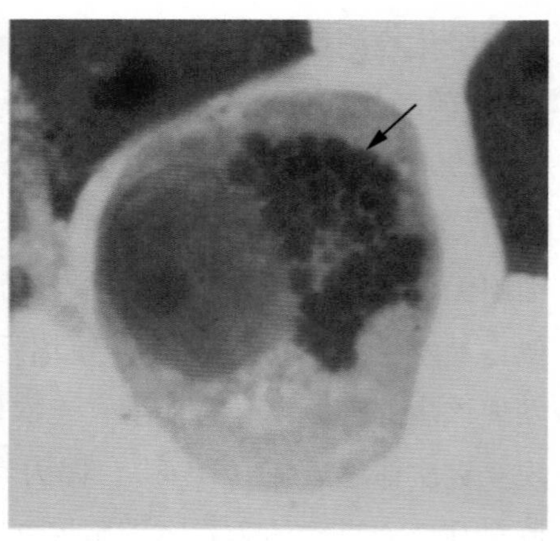

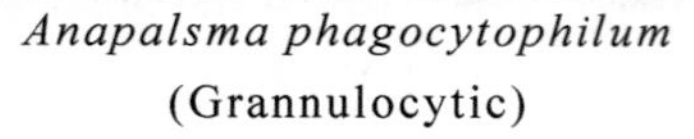

Anapalsma phagocytophilum
(Grannulocytic)

Ehrlichia chaffeensis
(Monocytic)

图 1 –1　感染于人类株化骨髓白血球 THP –1 细胞内的 *A. phagocytophilum* 与 *E. chaffeensis* 的繁殖图像

二、*A. phagocytophilum* 与 *E. chaffeensis* 细菌在细菌分类学上的位置

表1 –2，表1 –3 中显示了 *A. phagocytophilum* 和 *E. chaffeensis* 病原体在细菌分类学上的位置。

表 1 –2　*A. phagocytophilum* 与 *E. chaffeensis* 细菌在细菌分类学上的位置

Phylum	Class	Order	Family	Genus
Proteobacteria	α – Proteobacteria	Rickettsiales	lnaplasmataceae	Anaplasma
				Ehrlichia
				Neorickettsia
				Wolbachia
				Aegyptinella
				Candidatus Neoehrlichi
（2001 年 *Anaplasma phagocytophilum* 从 *Ehrlichia* 属变更至 *Anaplasma* 属）				

表 1-3 Anaplasma 科细菌种

Family Anaplasmataceae	
Anaplasma	*A. phagocytophilum*
	A. marginale
	A. centrae
	A. platys
	A. bovis
	A. ovis
Ehrlichia	*E. chaffeensis*
	E. canis
	E. muris
	E. ewingii
	E. ruminantium
	Ehrlichia sp. HF565, Anan, Shizuoka

三、*A. phagocytophilum* 与 *E. chaffeensis* 病原体的传播以及分布

自然界中 *A. phagocytophilum* 与 *E. chaffeensis* 病原体是与大多数立克次体相同，它们的寄生生活循环是在宿主野生哺乳类动物和媒介节肢动物蜱虫之间，通过蜱虫的叮咬而传播和循环。在这个固定的生活链里，如果有人的介入，即人被蜱刺咬，继而导致病原体侵入人体后引发疾病。近年来的研究发现，在美国的部分地区及欧洲大多数国家中，有蜱类存在的地区，往往嗜吞噬细胞无形体感染率比较高。此外，有些哺乳动物也可能是嗜吞噬细胞无形体的储存宿主，例如美国发现的白足鼠、白尾鹿，欧洲的红鹿、牛、山羊等。

一般来说蜱虫分为卵、幼虫、若虫、成虫四阶段来成长。从卵中孵化的幼虫吸附（叮咬）哺乳类动物获得营养源脱变为若虫，若虫再次吸附哺乳类动物获得血液脱变为成虫。此后，雌性成虫将又一次吸附更加大型的哺乳类动物来获得产卵用营养源。雄性在交配后自然死去。在吸血蜱虫这样的成

长过程中，被吸附的哺乳类动物若是保有病原体 *A. phagocytophilum* 与 *E. chaffeensis* 细菌的宿主动物，那么这些病原体将转移至蜱虫的体内，导致了给人或家畜的传播（图 1－3）。现在已探明病原体 *A. phagocytophilum* 与 *E. chaffeensis* 是没有“经卵传播”的途径，所以刚刚孵化的幼虫是不携带病原体的。而最具有危险性的蜱虫是从哺乳类动物体内吸入了病原体脱变后准备下一次吸血的若虫和雌性成虫（图 1－4）。

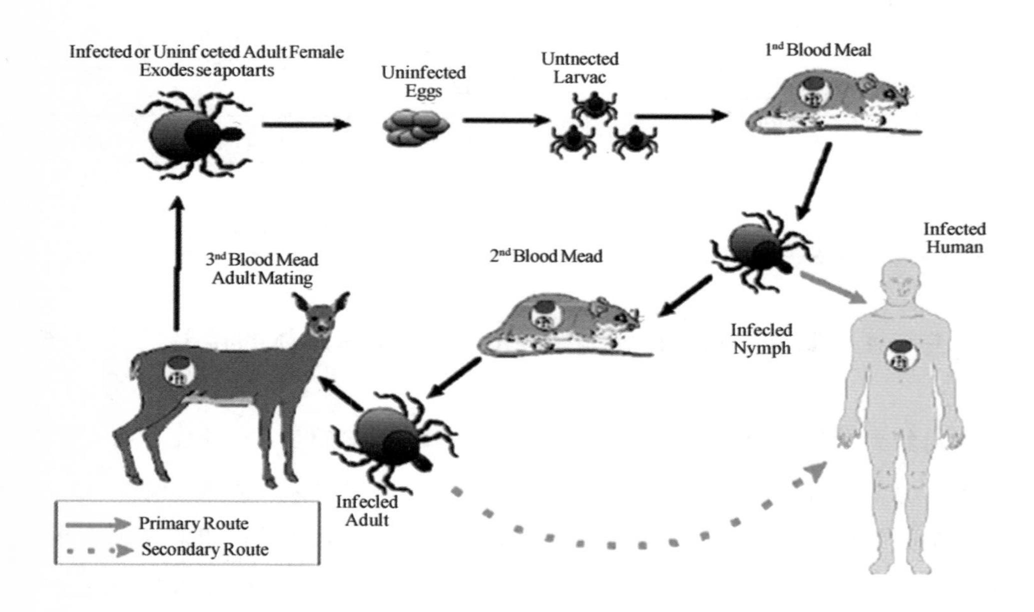

图 1－3　蜱虫的生活循环（引用于美国防疫中心 CDC 资料）

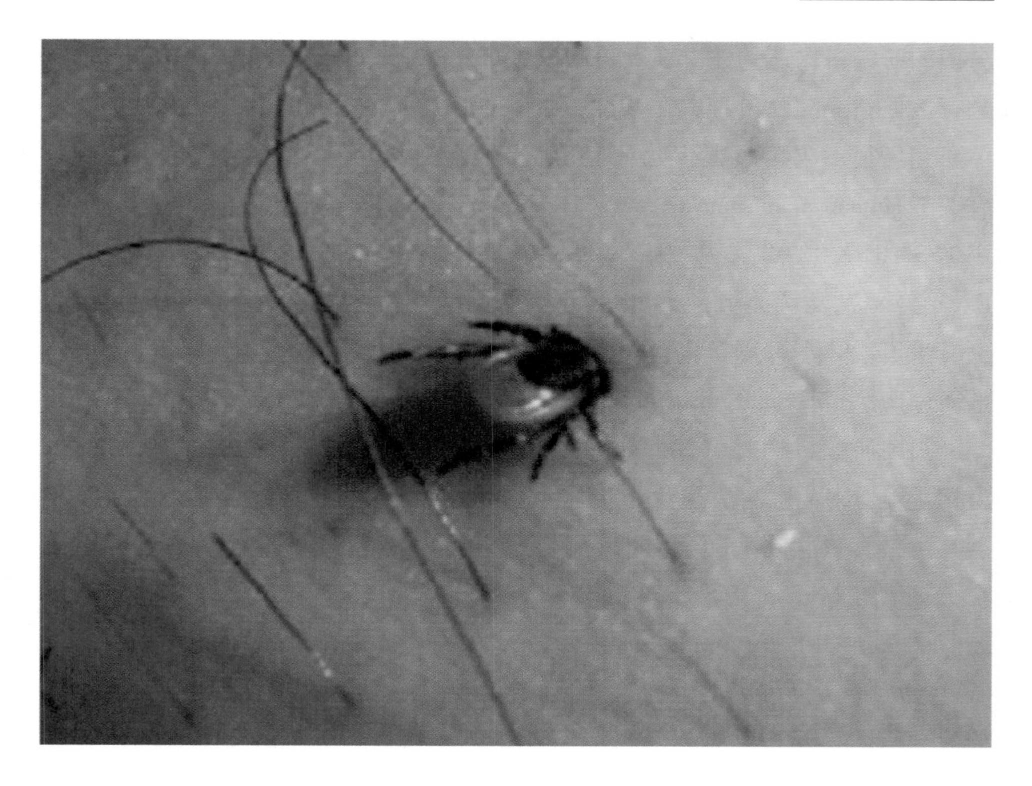

图1－4　吸附于人的皮肤上正在吸血的*Ixodes persulcatus*（全沟硬蜱）的成虫

另外，*A. phagocytophilum* 细菌除了人以外还会感染牛、马、羊、犬等等家畜和宠物引起疾病，所以也被称为“人畜共患病”的病原体。还有 *A. phagocytophilum* 病原体与莱姆病的病原体——包柔氏螺旋体菌（*Borrelia*）是由同种类的蜱虫，即硬蜱（*Ixodes*）来媒介传播，因此在各国研究解决它们的混合感染也在成为一个重要的课题。

在美国 *A. phagocytophilum* 细菌的媒介蜱是 *Ixodes scapularis*（黑足硬蜱）和 *Ixodes. pacificus*（西部黑足硬蜱），保菌哺乳类动物是野生白脚鼠。*E. chaffeensis*细菌的媒介蜱是 *Amblyomma americanum*（美洲花蜱）它的保菌哺乳类动物被认为是白尾鹿。在欧洲已确定 *Ixodes. ricinus*（蓖子硬蜱）是 *A. phagocytophilum* 细菌的媒介蜱，它的保菌哺乳类动物是绵羊或山羊。

近年来随着人们对“新兴感染症”以及“人畜共患病”的深入研究，关于“Human anaplasmosis”与“Human ehrlichiosis”的研究也越来越被世界各国的研究机构所关注。在欧美国家关于此类病原体的疫病学调查正在加紧进行。但在亚洲除了日本在该类病原体的研究上有些成绩之外关于此类病原体研究还很不成熟，处于初级研究阶段。最近才开始在中国以及韩国出现了有关"Human anaplasmosis"与"Human ehrlichiosis"的研究报告。在韩国应用16S rRNA 检测法从 *Haemaphysalis longicornis*（长角血蜱）里检测出 *E. chaffeensis*，从 *Ixodes. persulcatus*（全沟硬蜱）里检测出 *A. phagocytophilum*。更有报道说，在韩国从高烧发热患者的血清中检测出 *E. chaffeensis* 的抗体，从而说明了"Human ehrlichiosis"在亚洲存在的可能性。

我国研究机构对"Human anaplasmosis"的研究工作也从近些年展开，应用16S rRNA 检测法和荧光抗体反应法在几个地区做了调查，得出在中国有可能存在"Human ehrlichiosis"的结论。笔者在课题研究的过程中也在关注着在这一研究区域内国内的发展情况。在图 1－5 里详细地归纳了在我国关于 *A. phagocytophilum* 和 *E. chaffeensis* 的调查研究结果。特别是关于 *A. phagocytophilum* 的调查。图里记录了病原体名称、调查地点、病原体的媒介蜱名、宿主动物以及主要笔者和学术刊物名等。由于笔者的研究主要是研究探讨引起"Human anaplasmosis"感染症的病原体 *A. phagocytophilum* 细菌的基因构造，所以以下部分开始着重探讨 *A. phagocytophilum* 细菌的分子基因学上的课题，从分子基因学的角度来分析阐述该病原体的形态特征以及感染机理等方面的问题，以供同行们参考。

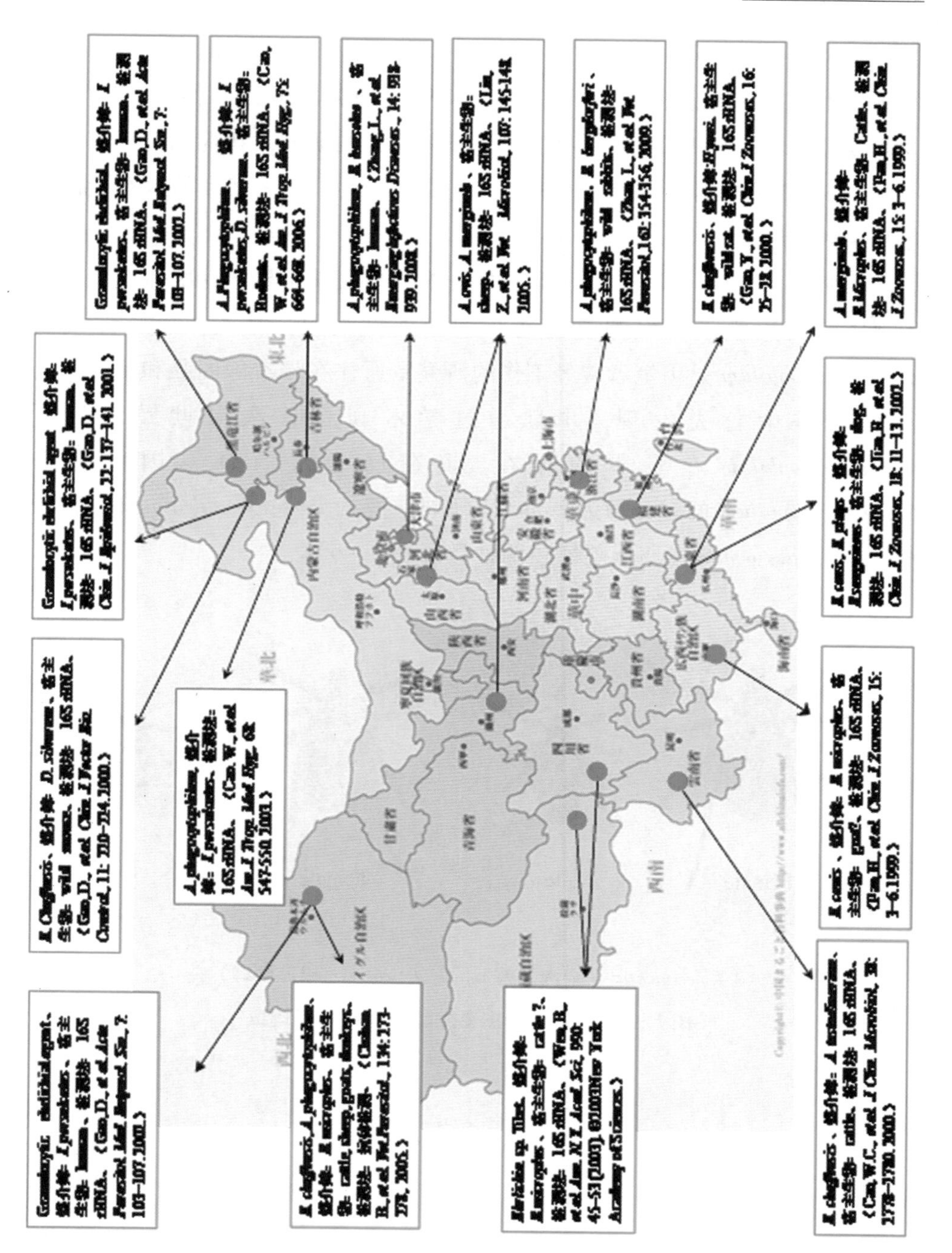

图 1－5　**A. phagocytophilum** 和 **E. chaffeensis** 病原体在中国各地的分布状况

（参考文献主要采纳了国际性刊物的发表论文，也有少量的国内刊物的发表论文。）

那么在亚洲，日本关于“Human anaplasmosis”与“Human ehrlichiosis”的研究相对来说还是比较前沿的，其是从90年代后期开始的。经过10多年的调查考证对上述两种病原体微生物有比较深入的研究。在检测方法上除了应用16S rRNA检测法和荧光抗体反应法以外，还采用高精度的特有蛋白表达基因的检出方法。

表1－4中列举了日本部分地区的关于由蜱虫媒介与立克次体病相关联细菌族的疫病学调查结果。在这些细菌族群当中，对人体有病原性的 *A. phagocytophilum* 是由笔者曾经工作的研究室通往在日本静冈县和山梨县的研究调查中首先发现，并且通过学术刊物首次向世界通告了 *A. phagocytophilum* 在日本的存在。现在已确定的日本国内保有 *A. phagocytophilum* 的媒介蜱为 *Ixodes*（硬蜱）属的 *Ixodes persulcatus*（全沟硬蜱）和 *Ixodes ovatus*（卵形硬蜱）两种类（图1－6）。

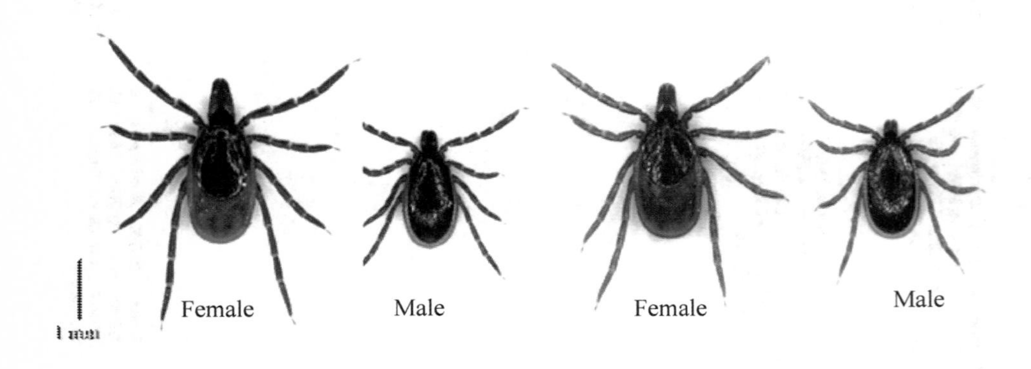

I. persulcatus（全沟硬蜱）　　*I. ovatus*（卵形硬蜱）

图1－6　日本国内主要生息的 *Ixodes* 属蜱虫

表1－4　日本潜在的立克次体关联细菌族

<table>
<tr><th>细菌名称</th><th>感染细胞</th><th>基因型</th><th>宿主动物</th><th>媒介蜱虫</th><th>分布地</th></tr>
<tr><td rowspan="3">A. phagocytophilum</td><td rowspan="3">粒细胞</td><td>J4（与 human agent 相同的基因）</td><td>野生鹿</td><td>I. persulcatus
I. ovatus</td><td>静冈县、山梨县</td></tr>
<tr><td>SS33P－L</td><td>野生鹿</td><td>不明</td><td>岛根县</td></tr>
<tr><td>ES34P－L</td><td>野生鹿</td><td>不明</td><td>北海道、静冈县、长野县</td></tr>
<tr><td>A. platys</td><td>血小板</td><td>Okinawal</td><td>犬</td><td>R. sanguineus
I. ovatus H. flava</td><td>冲绳县、山口县、福岛县、宫崎县、鹿儿岛县</td></tr>
<tr><td rowspan="2">A. contrale</td><td rowspan="2">红血球</td><td>Japan－aomori</td><td>牛</td><td>不明</td><td>青森县</td></tr>
<tr><td>SS40C－L</td><td>野生鹿</td><td>H. longicornis</td><td>岛根县、北海道、奈良县</td></tr>
<tr><td rowspan="2">A. bovis</td><td rowspan="2">单核细胞</td><td>SS24B－L</td><td>野生鹿</td><td>H. longicornis</td><td>岛根县、北海道</td></tr>
<tr><td>NR07</td><td>野生鹿</td><td>H. longicornis</td><td>奈良县</td></tr>
<tr><td rowspan="4">E. muris</td><td rowspan="4">单核细胞</td><td>AS145</td><td>野鼠</td><td>不明</td><td>爱知县</td></tr>
<tr><td>1－268</td><td>野鼠</td><td>不明</td><td>东京都</td></tr>
<tr><td>NA－1</td><td>野鼠</td><td>H. flava</td><td>爱知县</td></tr>
<tr><td>FN2619</td><td>野鼠</td><td>I. persulcatus</td><td>静冈县、长野县</td></tr>
<tr><td rowspan="3">Ehrlichia sp.</td><td rowspan="3">巨噬细胞
内皮细胞</td><td>HF565</td><td>野鼠</td><td>I. ovatus</td><td>福岛县</td></tr>
<tr><td>Anan</td><td>不明</td><td>I. ovatus</td><td>德岛县</td></tr>
<tr><td>Shizuoka</td><td>野鼠</td><td>I. ovatus</td><td>静冈县、长野县</td></tr>
<tr><td>E. canis</td><td>单核细胞</td><td>Kagoshimal</td><td>犬</td><td>R. sanguineus</td><td>鹿儿岛县</td></tr>
<tr><td rowspan="5">Candidatus
E. shimanensis</td><td rowspan="5">不明</td><td>TS37</td><td>野生鹿</td><td>H. longicornis</td><td>岛根县</td></tr>
<tr><td>SS15E－L</td><td>野生鹿</td><td>H. longicornis</td><td>岛根县</td></tr>
<tr><td>EH727</td><td>犬</td><td>Haemaphysalis</td><td>静冈县</td></tr>
<tr><td>EH1087</td><td>犬</td><td>Haemaphysalis</td><td>宫崎县</td></tr>
<tr><td>EHf669</td><td>犬</td><td>H. flava</td><td>琦玉县</td></tr>
<tr><td rowspan="3">Candidatus
N. mikurensis</td><td rowspan="3">内皮细胞</td><td>TK4456</td><td>野鼠</td><td>不明</td><td>东京都玉藏岛</td></tr>
<tr><td>IS58</td><td>野鼠</td><td>I. ovatus</td><td>北海道、静冈县、长野县</td></tr>
<tr><td>Nagano21</td><td>野鼠</td><td>不明</td><td>长野县</td></tr>
</table>

第四节　*A. phagocytophilum* 病原体 *p44* 主要外膜蛋白表达基因

一、*p44* 主要外膜蛋白群“*p44 major outer membrane proteins*”及 *p44* 基因簇“*p44 multigene family*”

1. *p44* 主要外膜蛋白群“*p44 major outer membrane proteins*”

由于本书的主要内容是关于新型感染症“Human anaplasmosis”的起因病原菌 *A. phagocytophilum* 基因构造方面的研究所以以下内容将重点叙述相关内容。

前文所述，在中国与韩国应用 16S rRNA 检测法检测出 *A. phagocytophilum* 和 *E. chaffeensis* 的存在。但是，该检测法的 PCR 检测基因片段的目标基因都为 16S rDNA，而且解读基因序列的长度均为 300—600bp 的短序列基因片段。所以有必要提出，这样检测得到的短片基因序列是否确实属于 *A. phagocytophilum* 和 *E. chaffeensis* 的基因序列呢，它也很有可能是它们的近缘菌或者 Genetic variants（基因变异体），在这个问题上有一些不太明了，特别是对于新发病原菌的测定，它的可信度不是很高。

那么对于 *A. phagocytophilum* 来说，现阶段只有美国以及瑞典、挪威等国都做到了它的单株分离，并且美国在 2006 年已经解读了 *A. phagocytophilum* 的全部基因序列。因此在这种情况下人们在研究探讨该细菌的感染机理的过程中发现了 *A. phagocytophilum* 携有一种具有很强特征的，称之为“*p44* multigene family”（多基因簇）的相同性基因群（以下我们称之为 *p44* 基因簇）。这个基因簇的功能是控制表达一组分子量为 4 万 4 千 Da 的独特的蛋白群即 *p44* 主要外膜蛋白群（*p44 major outer membrane proteins*）。而该蛋白的主要作用就是通过自身的变异组换来引起寄生宿主体内的抗原变异而回避宿主的免疫防御机能，从而对宿主进行感染并得以寄生（图 1 - 7）。*p44* 主要外膜蛋白群的主要构造特征就是：所有蛋白的氨基酸序列的“N”末端和“C”末端的氨基酸序列被完整的保留着，但中间部位结构的氨基酸序列却各有差异。这个中间部分被称为“hypervariable region”（超可变区域）。而这个超可变区域就是承担着 *A. phagocytophilum* 病原体回避宿主免疫的主要功能。

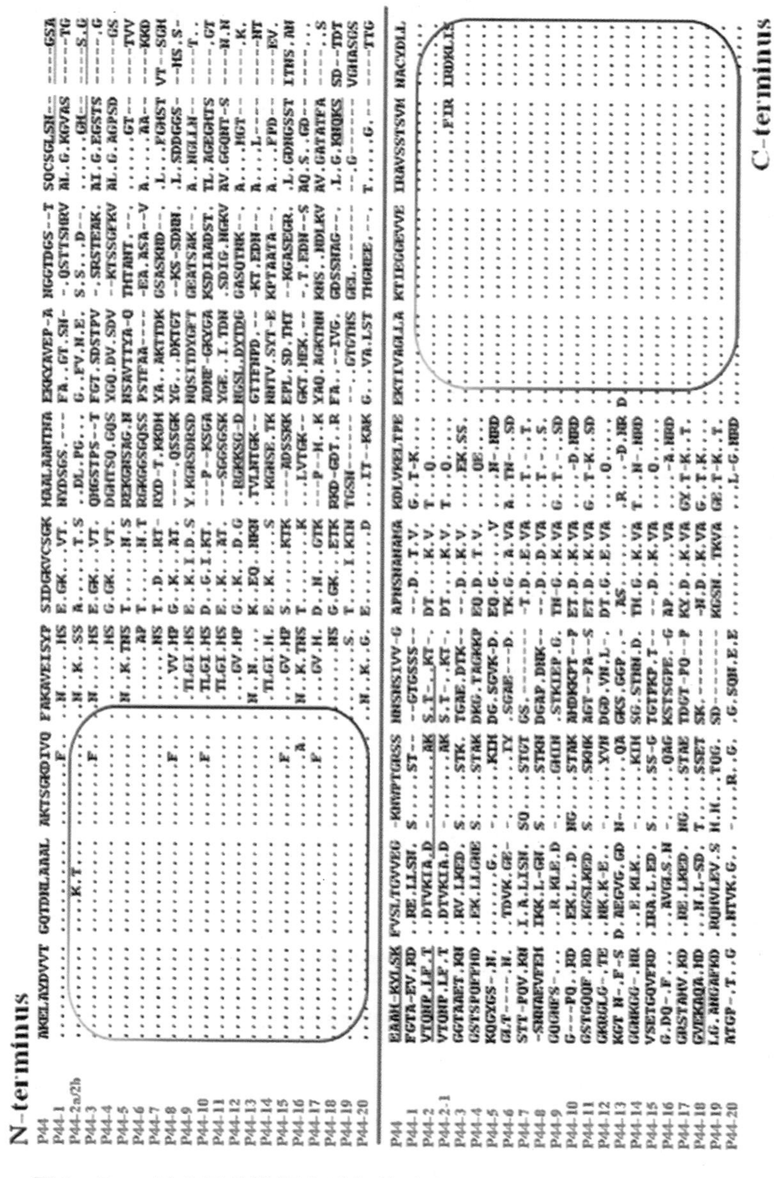

图 1－7　*p44* 主要外膜蛋白群氨基酸序列的比较（点线为相同的氨基酸序列）中间部分是“**hypervariable region**”（超可变区域）

2. *p44* 基因簇“*p44* multigene family”

现已发现的 *p44* 基因簇即“*p44* multigene family”的片段拷贝总数加上较短的基因片段共有 113 个片段之多。这些相同性基因片断独立地散落在 *A. phagocytophilum* 的基因链环上。而且它们有个共同特点，就是和它们所表达的 *p44* 主要外膜蛋白群氨基酸结构的序列特征一样，*p44* 基因簇成员的 DNA 序列也是 5′末端和 3′末端的序列在 *p44* 基因簇之间被完整地保留着，中间部分是超可变区域（图 1－8）。

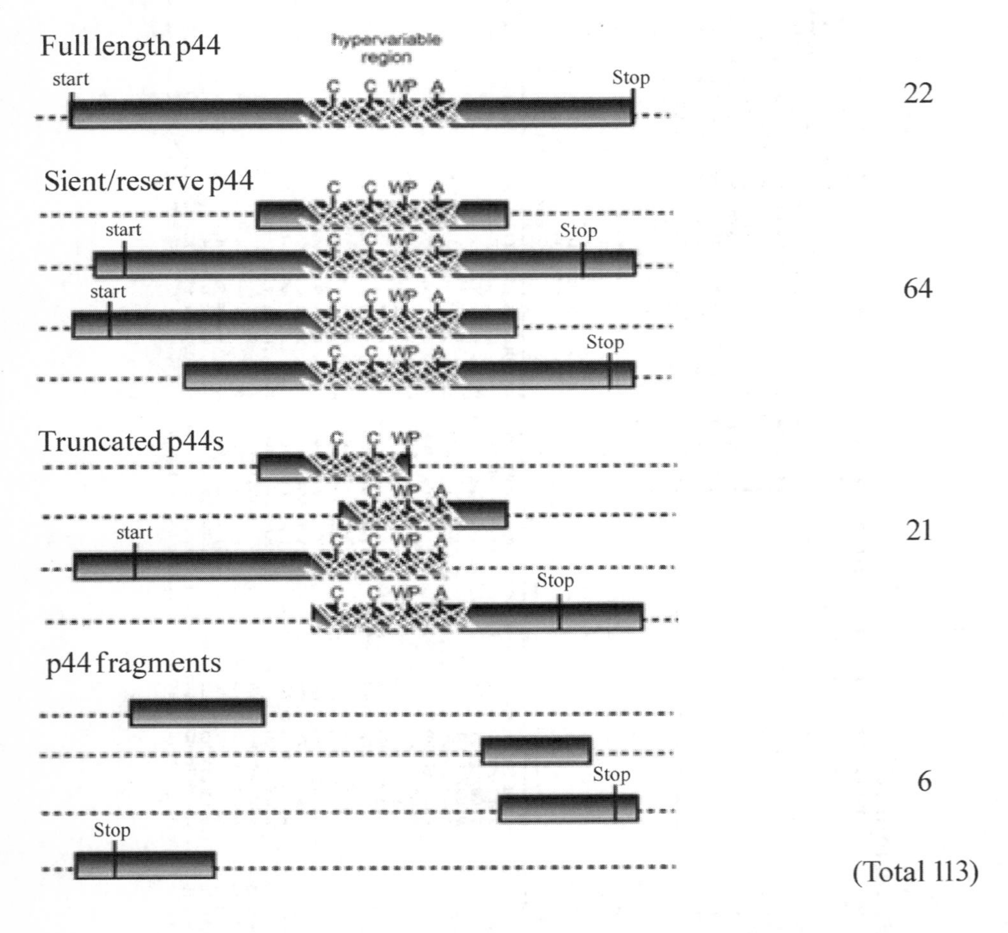

图 1－8　*p44* 相同性基因群“*p44* multigene family”部分基因片段的种类示意图

另外根据各国的研究“*p44* multigene family”基因簇的表达是通过在基因链上一处固定的长度约7kb的 *p44* 主要基因表达区域（称：*p44* expression locus 或 *p44* expression site）内经过基因簇各片段间不同的组换来表达不同种类的 *p44* 主要外膜蛋白的。这个表达区域的结构如图1－9所示，从序列5′末端开始依次为 *tr*1（transcriptional regulator 1）表达基因、*omp－1X*（outer membrane protein 1X）表达基因、*omp－1N*（outer membrane protein 1N）表达基因、*p44* 表达基因段、以及3′末端不完整的recA（recombination protein A）游离基因等构成。在表达区域的5′末端上游是反方向对接的 *ndk*（nucleoside diphosphate kinase）表达基因，而3′末端的下游连接的也是反方向对接的 *valS*（valyl－tRNA synthetase）表达基因。根据最新的研究文献，*p44* 表达基因区域的启动子（promoter）分别存在于 *tr*1 和 *omp*－1*N* 上流的各一处，遗传信息从此处各自转录到mRNA。

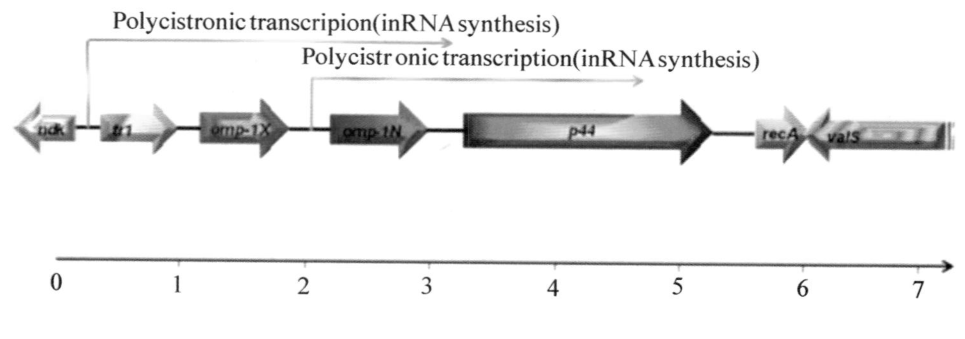

图1－9 *p44* 表达基因区域示意图

二、*p44* 基因簇“*p44 multigene family*”的基因簇换

A. phagocytophilum 病原体在受到外部环境的变化，例如从非恒温节足动物（蜱虫）感染侵入恒温哺乳类动物（家畜及人）或遇到宿主动物体内免疫防御机能的抵抗等情况时基因链环上分散存在的 *p44* 基因簇内的一个 *p44* 片段基因将会在上述的 *p44* 基因表达区域内的 *p44* 表达基因段进行相同性基因簇换，从而达到 *p44* 基因种的变换。也就是说，*p44* 基因簇“*p44* multigene family”在 *p44* 基因表达区域内 *p44* 基因片断上的“hypervariable region”（超可变区域）内进行的相同性基因簇换，引起了病原体的表面抗原构造的变异，从而最终达成了 *A. phagocytophilum* 病原体能够生存于蜱虫以及哺乳类动物的体内并且能够回避宿主的免疫防御机能（图 1－10，图 1－11）。

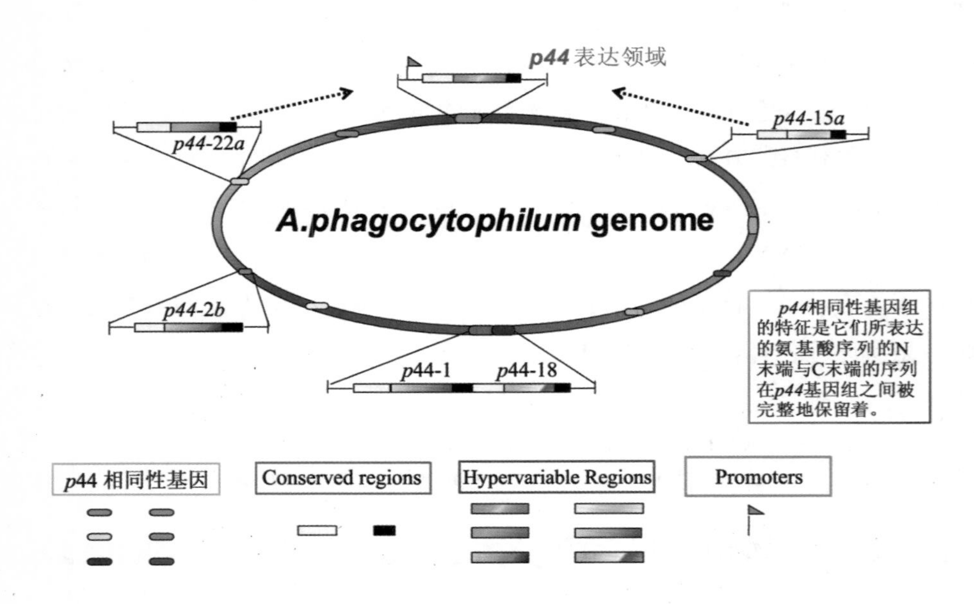

图 1－10　散落在基因链环上的 *p44* 相同性基因簇

“*p44* multigene family”全貌示意图

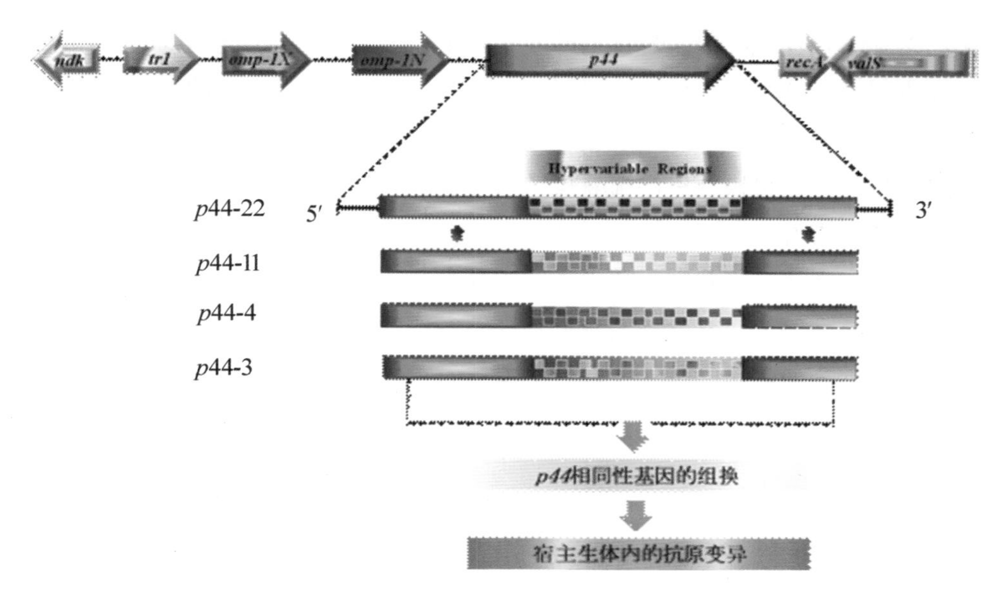

图 1－11 *p44* 相同性基因簇的基因簇换示意图

三、关于 *A. phagocytophilum* 病原体 *p44* 基因簇研究的现状以及研究目的

1. *p44* 基因簇研究的现状

根据上述资料，从我国现在已知的关于 *A. phagocytophilum* 和*E. chaffeensis* 的现状来看它们的分布普遍存在于我国的大部分地区。而这些地域有个共同特点就是靠近森林地带，是森林，山地及平原的结合地，有媒介蜱虫绝好的生存环境。我们在内蒙古和新疆的两篇文章中发现它们是从患者的体内检测到的，也就是说这些患者有可能被感染了。作为人畜共患病的病原体在新疆的牛、羊、驴等家畜体内也均有发现。近年来以美国为例，每年感染以及死于“HGA”的患者已达六百多例。*A. phagocytophilum* 的定性研究在我国尚属早期未成熟的研究范畴。据报道，在河南省、安徽省及北京地区都曾发生过蜱虫传播疾病的致死性病例。其真正的原因还有待于进一步考察研究，因为立克次体关联菌群的交叉感染情况非常普遍。所以尽快研究解决在我国国内存在的新兴感染症病原体 *A. phagocytophilum* 的工作已刻不容缓。需要引起国

家以及社会各方面的高度重视，因为它关系到国民的健康以及家畜安全生产等经济问题。特别是医疗科研部门应在病原菌的分布特点以及早期发现等问题上尽早尽快地投入研究，并予以解决。虽然*A. phagocytophilum*被发现还没有多少年，但是很快便引起国外疫病微生物学研究者们的高度重视。从学术研究的角度来看，对新兴感染症“HGA”的研究也具有很深刻的研究意义。因为它具有直接感染并寄生到人类或哺乳类动物的免疫细胞里的功能。特别是*A. phagocytophilum*是迄今为止发现的唯一能够感染寄生到人类免疫细胞中的中性粒细胞的细菌。仅从这一点来看，对该细菌的全面深入地研究，在疫病微生物学以及微生物基因遗传学的意义上都具有很高的研究价值和前景。从现阶段的研究来看，只有美国和瑞典、挪威等国实现了该菌的单株分离。而且以“俄亥俄州立大学”为首的美国的研究机构已经全译了*A. phagocytophilum*的全部基因序列。此项成果为各国的相关研究铺垫了一定的研究基础。根据这些研究我们可以从病原体的感染形态以及部分基因即*A. phagocytophilum*的最具特点的、也是它的感染机理中最重要的因子 – *p44*相同性基因簇的对比来分析不同地域的菌类之间的相异之处。此项研究对*A. phagocytophilum*的菌种由来、分化以及感染机理具有重要意义。以我国的现状来看这方面的研究还没有开始，这一点还需要我们在更大范围做更加细致的研究考察才能够全面掌握该细菌在我国自然界中的真正生存形态。另外对该细菌的感染机理及细胞免疫学上的解答现阶段仍然没有确切的答案，还需要更加深入的研究，有待于我们新的发现。我们应该通过对该病原体基因构造的逐步深入研究，尽快向相关医疗研究机构提供科学的理论依据使之能够做到该无形体感染症的早期预防及治疗。

2. 研究目的

由于我国对*A. phagocytophilum*病原体*p44*主要外膜蛋白以及*p44*相同性表达基因簇的研究工作现阶段还没有开始。根据报道，此项研究的国家现在主要以美国、日本及瑞典等为主。在亚洲，韩国也在积极做这方面的研究工作。因此笔者将把自己在日本5年间的留学及研究工作中对*A. phagocytophilum*病原体*p44*相同性表达基因簇的研究成果和积累的研究经验著于此书，希望能成为研究同僚们的参考。此后的内容将全部引用笔者在日本的研究。

直至2008年日本关于 *A. phagocytophilum* 病原体的研究发表还只限于笔者所在研究室于2005年发表的“从静冈县与山梨县的蜱虫体内检测到的 *A. phagocytophilum* 病原体DNA序列”以及Kawahara等在2006年发表的“岛根县野生鹿的检测中发现的 *A. phagocytophilum* 病原体DNA序列”两篇论文而已。而且直到现在日本在单菌株的分离方面也没有取得成功。在世界范围内也只有美国以及瑞典，最近还有挪威（从山羊体内分离）等国实现了单株分离。美国的Barbet等研究人员分别研究对比了这些单株 *A. phagocytophilum* 病原体的 *p44* 主要基因表达区域的部分基因构造。研究结果表明，不管美国还是欧洲的分离株的 *p44* 主要基因表达区域结构都是如图1－9所表示：从序列5′末端开始依次为 *tr*1（transcriptional regulator 1）表达基因、*omp－1X*（outer membrane protein 1X）表达基因、*omp－1N*（outer membrane protein 1N）表达基因、*p44* 表达基因段、以及3′末端不完整的recA（recombination protein A）游离基因段等构成。而且 *p44* 表达基因段的N末端和C末端的氨基酸序列被完整地保留着。但是在 *omp－1N* 表达基因的对比中发现美国的与欧洲的之间有很多不同之处。也就是说，barbet等人的研究说明了 *A. phagocytophilum* 病原体的 *p44* 基因表达区域在美国以及欧洲有着广义上的统一性，但对于每一个个体基因序列来说也有它们的广义上的多样性。特别是这些研究内容里没有包括亚洲地区关于 *A. phagocytophilum* 病原体的研究，所以在世界的视点来看还有些不够充分。

以日本为先例的关于亚洲地区 *A. phagocytophilum* 病原体的研究，在没有分离单菌的情况下来研究它的分子学上的种种问题，实际上是非常困难的事情。所以对于 *A. phagocytophilum* 病原体在微生物学以及分子遗传学性状的研究几乎还没有实施。所以本研究应用最新的分子生物学技术来分析解读日本固有的媒介蜱虫唾液腺提取DNA中 *p44* 相同性基因簇以及表达基因区域的构造，并且通过解读结果的分析，对欧美以及亚洲区域内的 *p44* 表达基因区域进行全球性的广义上的对比研究，从而能够进一步了解世界各地域的 *A. phagocytophilum* 病原体在分子生物学上的差异及特点。

在此，第二章研讨了日本静冈县以及山梨县内的 *I. persulcatus*（全沟硬蜱）、*I. ovatus*（卵形硬蜱）所携带 *A. phagocytophilum* 病原体 *p44* 基因簇 "*p44* multigene family" PCR 增扩物的大肠杆菌克隆体以及克隆体表达氨基酸序列的结构特征。

第三章里研究探讨了第二章中成功解读了的静冈县 *I. persulcatus*（全沟硬蜱）、*I. ovatus*（卵形硬蜱）所携带 *A. phagocytophilum* 病原体 *p44* 基因簇 "*p44* multigene family" 的 *p44* 表达基因区域的基因结构分析。

第四章进一步通过对日本东北区（青森县和岩手县）采集的 *I. persulcatus*（全沟硬蜱）体内 *A. phagocytophilum* 病原体的基因分析成功地解析了 *p44* 表达基因区域的基因结构，从而对比研究了欧美以及日本国的 *A. phagocytophilum* 病原体 *p44* 基因簇及表达基因区域的结构特征。

第二章　关于日本静冈县和山梨县地区 *Ixodes* 属蜱虫体内 *A. phagocytophilum* 病原体 *p44* 基因簇的解析

第一节　序　　言

蜱虫媒介性“Human anaplasmosis”（无形体症）病原体 *A. phagocytophilum* 有一个自然界中的媒介蜱虫与宿主哺乳类动物之间，通过蜱虫的刺咬而移动转移的生存链环。在美国传播与媒介此病原体的节足动物是 *I. scapularis*（美国黑足硬蜱）和 *I. pacificus*（西部黑足硬蜱），在欧洲现已知道的是 *I. ricinus*（吸血羊蜱）。而在亚洲包括日本，已出现了像 *I. persulcatus*（全沟硬蜱）以及 *I. ovatus*（卵形硬蜱）类的 *Ixodes* 属（硬蜱属）蜱虫在媒介该病原体的报道。

如绪论所述，*A. phagocytophilum* 病原体是隶属立克次体目的专性寄生性细菌，它会引发人类以及其他哺乳类动物的发热性“Human anaplasmosis”（无形体症）。在 *A. phagocytophilum* 细菌的菌体表面有一种，通过 *p44* 相同性基因簇即“*p44* multigene family”控制表达的种类庞大的，分子量约 44kDa 的主要外膜蛋白。为了逃避宿主体内的防御机制，*p44* 相同性基因簇在基因链上一处 *p44* 基因表达区域内进行基因簇换，使菌体表面抗原发生变异。*p44* 相同性基因簇表达蛋白是由氨基酸序列被完整保留着的 N 末端和 C 末端以及中心部分的“hypervariable region”（超可变区域）所构成（绪论图 1－7）。最近美国发表了从患者体内分离的 *A. phagocytophilum* 细菌的整体基因序列文章。根据这个结果，人们发现了基因链上长短不一的 *p44* 基因片段共计有113片段之多，是这些 *p44* 基因片段承担着宿主抗体变异的主要任务。

在日本，笔者所在研究室于2005年初通过 *p44* 基因簇的检测发现并证明了自然条件下感染于 *Ixodes* 属（硬蜱属）蜱虫体内的 *A. phagocytophilum* 病原体的存在。另外 *Kawahara* 等也通过 *p44* 基因簇以及16S rDNA的扩增证明了被 *A. phagocytophilum* 病原体感染的野生鹿的存在。由此可见，在日本关于病原体 *A. phagocytophilum* 存在与否为中心的分子疫病学调查已经拉开序幕。但是 *A. phagocytophilum* 病原体是一种分离难培养难的细菌。所以在日本还没有单株分离的情况下，对其详细的微生物学以及分子遗传学上的解析可以说是一个空白。

本章通过测定在静冈县和山梨县地域内生存的 *I. persulcatus*（全沟硬蜱）以及 *I. ovatus*（卵形硬蜱）所保有 *A. phagocytophilum* 病原体的 *p44* 相同性基因簇，并且试着解析包括"hypervariable region"（超可变区域）的分子基因构造。具体方法是从自然条件下感染的蜱虫唾液腺提取DNA，使用PCR扩增法来扩增 *A. phagocytophilum* 病原体的 *p44* 相同性基因簇，大量克隆扩增物尽量多收集 *p44* 基因的克隆，然后解读它们的DNA序列进行详细的对比研究。

第二节　实验材料与方法

一、蜱虫的采集与唾液腺 DNA 的提取

1. 蜱虫的采集时间

2003年和2004年的6—7月　日本的5—8月是蜱虫的生殖繁盛期。

2. 蜱虫的采集地点

蜱虫的采集地是在静冈县富士山斜面2个点，即富士宫市的"高钵"和

裾野市的“水ヶ塚”、以及山梨县北杜市的“美の森”进行。采集地的标高是 1200—1500m、地理位置如图 2－1 所示。

3. 蜱虫的采集方法

蜱虫的采集方法是使用约 $1m^2$ 的白色尼龙质地的小旗在林荫道边的草木丛上拂动，使蜱虫粘贴到旗面上进行收集。如图 2－2 所示。

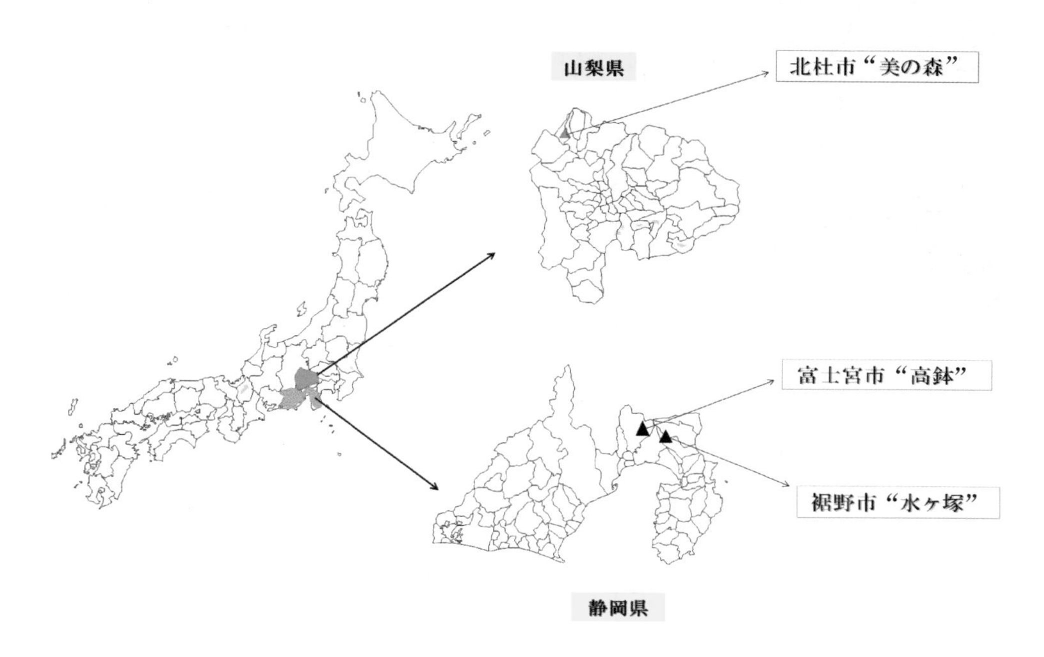

图 2－1　蜱虫的采集地

图 2－2　正在进行蜱虫的采集

4. 蜱虫的唾液腺摘取

把采集到的蜱虫用 70% 的乙醇进行表面消毒，之后在显微镜下进行解剖，取出唾液腺。此操作如图 2－3 所示，首先将蜱虫的头部切下将背盘揭起，然后仔细地用解剖尖嘴镊子把透明的葡萄状颗粒与蜱虫的丝状消化器官分离。最后将摘取的葡萄状唾液腺存入 PBS（－）缓冲液，用于之后的 DNA 提取。

5. 蜱虫唾液腺中提取 DNA

从蜱虫唾液腺提取 DNA 是使用 QIAamp DNA Mini Kit，遵照组织提取 DNA 手册进行了操作过程。

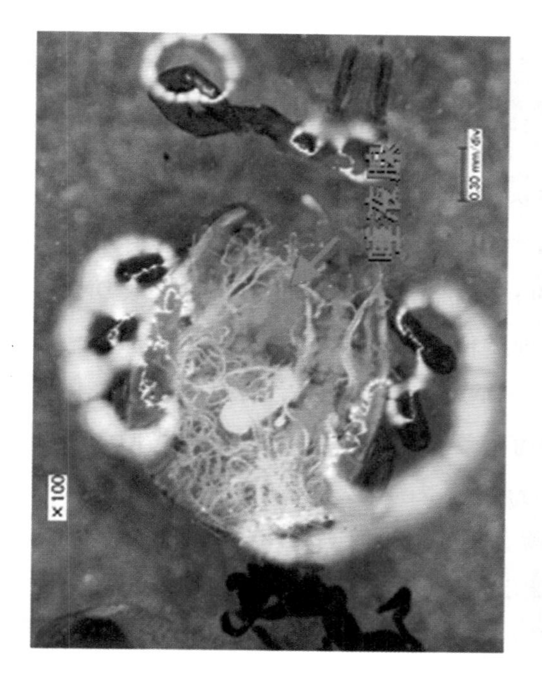

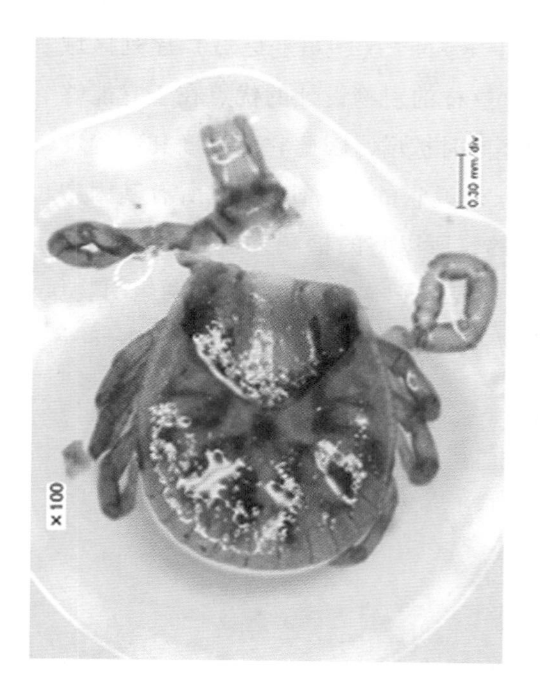

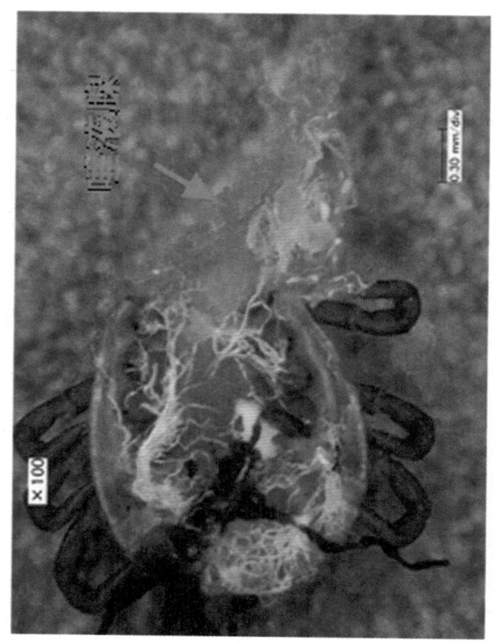

图 2-3 蜱虫唾液腺的摘取

二、*p44* 基因簇的检测方法

1. *A. phagocytophilum* 病原体 *p44* 基因簇的检测用引物

对于 *A. phagocytophilum* 病原体 DNA 的检测一般也会采用各类细菌 DNA 序列中普遍固有的16S 核糖体 rDNA 的 PCR 扩增法。但是，以蜱虫提取 DNA 为扩增模版时，在蜱虫体内寄生的各种类似立克次体的共生体（Symbiont）也会与 *A. phagocytophilum* 病原体的 16S rDNA 一同被扩增。所以单独的去用 16S rDNA 检测出 *A. phagocytophilum* 是有一定的困难。因此在日本我们一直在使用 *A. phagocytophilum* 病原体特有的 *p44* 基因簇作为检测目标的 PCR 扩增法来进行 *A. phagocytophilum* 的检测实验。另外，我们应用该检测法在俄罗斯的部分地区成功地从 *I. ricinus* 蜱虫检测出了 *A. phagocytophilum* 病原体。

如绪论所述，*A. phagocytophilum* 的 *p44* 基因簇表达蛋白序列的 N 末端和 C 末端的序列被完整的保留着。所以我们利用这个特征在设计 PCR 扩增引物时将 *p44* 基因簇中间部分的“hypervariable region”（超可变区域）序列区域作为扩增对象来设计制作的（图 2 –4）。这样的引物设计的优点在于它能够把基因链上分散存在的多数的 *p44* 基因簇同时扩增，因此它的感度和精确度都是非常高的。因为对 *A. phagocytophilum* 来说它的 16S rDNA 在所有基因中只有一个拷贝而 *p44* 基因簇是多数存在的，所以它的检测感度是 16S rDNA 检出度的数十倍甚至近百倍。在表 2 –1 中表示了本章设计使用的两组引物。p3726 和 p3761 是 5′侧的 Forward 引物，p4257 和 p4183 是 3′侧 Reverse 引物。

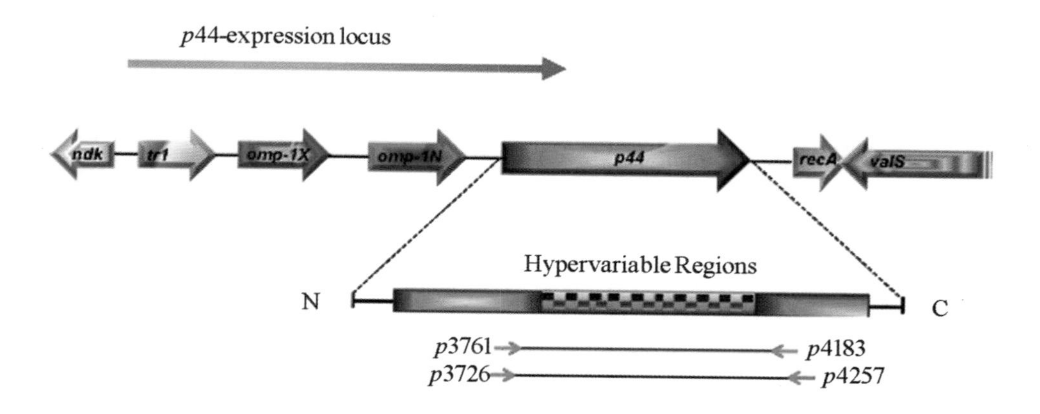

图 2－4　*p44* 基因簇 PCR 扩增示意图（*p44* 基因簇检测用引物对“p3726F～p4257R” First PCR 用、“p3761F～p4183R” Nested PCR 用。）

表 2－1　*p44* 基因簇检测用引物序列表

Primer name	Sequence	Direction	Product length (bp)	Reference
p3726F	5′－GCTAAGGAGTTAGCTTATGA－3′	Forward	536	13
p4257R	5′－AGAAGATCATAACAAGCATTG－3′	Reverse		
p3761F	5′－CTGCTCT (T/G) GCCAA (A/G) ACCTC－3′	Forward	411	
p4183R	5′－CAATAGT (C/T) TTAGCTAGTAACC－3′	Reverse		

2. *A. phagocytophilum* 病原体 p44 基因簇的 PCR 扩增反应

(A)　First PCR

把唾液腺中提取的 DNA 作为模版，使用 *p44* 基因簇外侧的引物 p3726 和 p4257 引物，利用 Gene Amp PCR System 9700（Applied Biosystems 社）PCR 扩增反应器，在表 2－2 以及表 2－3 的条件下进行 First PCR 扩增反应。

表 2－2　First PCR 扩增反应物的组成

试　剂	量（μl）
模板	1
Go Taq^R Green Master Mix（Promega）	12.5
20μM p3726F	1
20μM p4257R	1
灭菌水	9.5
Total	25

表 2－3　First PCR 扩增反应条件

a	94℃［2min］			
b	94℃［30sec］	58℃［1min］	72℃［1min］	45cycles
c	72℃［10min］	25℃［F］		

（B）Nested PCR（Second PCR）

Nested PCR 是指在目标扩增基因的外侧与内侧分别设计 2 组引物，进行 2 次 PCR 扩增反应组合。通过这样的 2 组反应能够高精度的扩增被检物中的目标基因。本实验中，是把 First PCR 扩增反应产物的 2.5μl 作为模版 DNA（表 2－4）再用 Nested PCR 反应，用引物 p3761F 及 p4183R（图 2－4，表 2－1）实施二次 PCR 扩增反应。反应条件与 First PCR 扩增反应的条件相同。

表 2－4　Nested PCR 扩增反应物的组成

试剂	量（μl）
模版	2.5
Go Taq^R Green Master Mix	12.5
20μM 3761F	1
20μM 4183R	1
灭菌水	8
Total	25

3. PCR 扩增反应产物的确认

First PCR 以及 Nested PCR 的反应产物是按常规的电泳方法分离，鉴定是否有目标条带生成。

三、*p44* 基因簇 PCR 扩增物的克隆

如前文所述，在 *A. phagocytophilum* 的基因链上散落存在着许多 *p44* 基因片段，因此我们须将 First PCR 以及 Nested PCR 反应中得到的产物进行 TA 克隆，以此来选择一个种类即一个相同序列的 *p44* 基因片段。使用 TA 克隆法就是把 PCR 扩增反应中扩增的 2 种以上扩增物中的一种选择性地导入并组换到质粒 DNA 内将扩增的 DNA 片段克隆化后大量增幅，然后回收克隆化的 DNA。

1. 精制 PCR 扩增产物

将 PCR 扩增反应后所得到的 *A. phagocytophilum* 的 *p44* 基因簇电泳后形成的条带从琼脂板上切除下来用 QIAEX II Gel Extraction Kit 进行精制作业。具体操作如下，首先加入所切取条带重量 3 倍量的 Buffer QX I 缓冲试剂，再添加 10μl 的 QIAEX II Suspension 在 50℃条件下，每 3 分钟振荡混合一次，持续培养 15 分钟。之后用 12000rpm 离心分离 1 分钟，去掉上清液。添加 500μl 的 Buffer QX I 缓冲试剂清洗沉淀物再以 12000rpm 高速离心 1 分钟后去掉上清液。再加入 500μl 的 Buffer PE 以 12000rpm 离心 1 分钟后去掉上清液（以上清洗操作重复 1 次）。然后将沉淀物在室温放置干燥 10 分钟后添加 10μl 的灭菌水用涡旋振荡器振荡混合，在 56°条件下培养 3 分钟。最后用 12000rpm 高速离心 1 分钟后抽取上清液将精制 DNA 储存备用于此后的实验。

2. 构建载体（酶链反应）

将精制 DNA 的浓度调制到 10 – 100ng 范围内再用于酶链反应。表 2 – 5 中表示了酶链反应物的组成。反应是在 14℃的条件下进行 18 个小时。

表 2-5　酶链反应物的组成

试　剂	量（μl）	最终浓度
DNA 片段	6	
10 × Ligation Buffer	1	
25ng/μl pCR 2. 1 vector	2	5. 0ng/μl
Water（to a total volume）		
4U/μl T4 DNA Ligase	1	0. 4U/μl
Total	10	

3. 大肠杆菌的转化实验

为了扩增酶链反应后转化到质体内的 *p44* 基因片段，我们又把含有该基因片段的重组质体转换到大肠杆菌的细胞内对大肠杆菌进行形态转化。在本实验中我们选用的载体是 pCR2. 1vector（Invitrogen 生产），形态转化用大肠杆菌是 Competent high DH5α（TOYOBO 生产）。

调制转化大肠杆菌增殖用 LA 培养皿：Bacto Tryptone 1. 0%、Bacto Yeast Extract 0. 5%、氯化钠 0. 1%、0. 02% 的 NaOH（5N）、超纯水 1L。然后把调制好的培养液在 120℃ 高温灭菌 15 分钟，冷却后添加 0. 001% 的 Ampicillin（100mg/ml）制成培养皿。

调制单株分离大肠杆菌增殖用 LB 培养液：Bacto Tryptone 1. 0%、Bacto Yeast Extract 0. 5%、氯化钠 0. 1%、0. 02% 的 NaOH（5N）、超纯水 1L。之后把调制好的培养液在 120℃ 高温灭菌 15 分钟后使用。

转化实验：将酶链反应生成物 1μl 在冰浴条件下混合于 30μl 的 DH5α 中，紧接着将混合物进行 30 秒的 Heat shock 42℃（热震）。然后添加 270μl SOC 培养液在 37℃ 条件下振动培养 1 小时。为了分别携带重组质粒的转化大肠杆菌，我们使用了 X-Gal 蓝白分辨法，即事前在培养皿表面涂抹适量的 X-Gal 后再涂抹转化大肠杆菌。把涂抹后的培养皿用 SLI-450C 恒温器（东京理科化工器械生产）在 37℃ 培养 18 小时。培养完成后收集白色的菌落，因为蓝色的菌落是不含有重组质粒的大肠杆菌，不予收集。把收集到的白色菌落分别放入盛有 3ml LB 培养液的 50ml 离心管内在 37℃ 恒温槽内进行 24 小时振动培养。之后使用 Rapid

Plasmid Miniprep System（Marligen 生产）根据使用手册进行重组质粒的分离回收实验。最后使用 Qubit Fluorometer（Invitrogen 生产）测定回收重组质粒的 DNA 浓度。

4. 重组质粒 DNA 的确定

重组质粒 DNA 是利用 EcoR I 限制酶剪切质粒 DNA 后通过电泳现象来实施（表 2 – 6）。

表 2 – 6　EcoR I 限制酶反应组成

试　剂	量（μl）	最终浓度
质粒	2	
10 × High Buffer	1	
*Eco*R I 酶液	0. 5	2. 0units/μl
Water	6. 5	
Total	10	

四、DNA 序列的确定

确定所得到的重组质粒 DNA 是利用媒介质粒 pCR2. 1 插入位置 100 个序列前后的 M13 引物经过序列解析反应进行了解读。具体操作委托 Applied Biosystems 会社（日本）实施。

五、DNA 序列解读分析与系统发生树的解析

实验所得到的 DNA 序列分析是利用 DNA 编辑软件 Edit sequence（DNA star soft）和 DNA 排列拼接软件 Megalign（DNA star soft）对序列进行了分析和拼接。同源性比较是在 National Center for Biotechnology Information（NCBI）的 BLASTN 和 BLASTP 平台上进行操作。

系统发生树的构建是将包括至今发现和报道的 *A. phagocytophilum p*44 基因簇的数据库资料使用 Clustal X 分析用软件，应用 Neighbor – Joining（NJ）近邻相接法进行分析制作，Bootstrap 是经过 1000 次 resampling 来实施完成。

第三节　结论与思考

综上所述，我们在日本静冈县和山梨县地区 3 个点，利用小旗采集法合计采集到 123 只 *I. persulcatus*（全沟硬蜱）以及 *I. ovatus*（卵形硬蜱）类的 *Ixodes* 属（硬蜱属）蜱虫。然后对上述蜱虫实施了唾液腺摘取以及 DNA 提取。利用 Nested PCR 法进行 *A. phagocytophilum* 的检测目标基因“*p44* 基因簇”的测定实验。其结果，在 123 只蜱虫里有 20 只的 DNA 提取物中获得了理想的扩增产物。将所获得的扩增物进行分子克隆并解读了它们的基因序列。经过同源性比较后发现它们与迄今所发现的许多 *A. phagocytophilum* 的 *p44* 基因簇片段具有很高的相似性。因此可以明确这 20 只蜱虫是已经被 *A. phagocytophilum* 病原体所感染，也就是说它们很有可能就是 *A. phagocytophilum* 病原体的媒介蜱虫。这 20 只蜱虫中 9 只（6 只为 *I. persulcatus*、3 只为 *I. ovatus*）是在 First PCR 反应中有扩增物，而在 Nested PCR 反应中没有得到应有的扩增物。因此我们重新将采集到的 10 只 *I. persulcatus* 蜱虫碾碎混合为一个样本进行组织 DNA 提取，其 DNA 分析结果表明，不只在 Nested PCR 反应中得到扩增物而且在 First PCR 反应中也有相同的扩增物。

本研究中我们为了更加详细深入地了解 *A. phagocytophilum* 的 *p44* 基因簇的基因构造尽可能地收集解析了长度更长、数量更多的 First PCR 反应扩增物。因此在本实验中我们将 First PCR 反应中获得的 9 只 *A. phagocytophilum* 阳性蜱虫及 1 个 10 只蜱虫的混合体 DNA PCR 扩增物进行了 TA 克隆并成功的获得了合计 174 个 *p44* 基因的克隆体。它们分别是 6 只 *I. persulcatus* 个体及 1 个 10 只 *I. persulcatus* 的混合体中得到的 117 个克隆，3 只 *I. ovatus* 个体中的 57 个克隆体。对所有 174 个克隆的序列进行了基因解读以及氨基酸序列的转换解析我们发现，这些克隆体的序列是包含 *p44* 基因的超可变区域共有 144—163 个氨基酸序列所构成。之后我们又对这些克隆进行了氨基酸序列对比得出，174 个克隆体中有 80 个的序列是互不相同的而另外的 94 个克隆是与这些克隆序列有着重复的或者说相同的序列。

从蜱虫的角度来说我们明白了 3 只 *I. ovatus*（卵形硬蜱）中所得的 57 个克隆中有 52 个克隆序列的相似性非常高是属同一个集群。但是对于 *I. persulcatus*（全沟硬蜱）中得到的 117 个 *p44* 基因的克隆却分散在系统发生树的各个集群内，表现了很大的差异性（图 2－5）。另外在本实验中所得出的氨基酸序列在 144—163 个长度的 *p44* 克隆体 A、B、C、D、E5 个集群内也包括了迄今为止我们在 *I. persulcatus* 和 *I. ovatus* 中发现解读了的 108—122 个序列长度的 *p44* 克隆：Tick23－3（accession number AY969025）、Tick68－2（AY969036）、Tick68－3（AY969037）、Tick36－2（AY969034）以及 Tick44－3（AY969034）的克隆序列，并且有些序列与它们的序列完全相同或者相似。

图 2－5 系统发生树中集群 1—3 内的 *p44* 克隆是本研究中新发现的日本国内 *A. phagocytophilum* 病原体 *p44* 外膜蛋白表达基因。我们将这些新发现的 *p44* 克隆序列与已经发现的 *p44* 克隆序列应用 BLASTP 检索进行对比分析，其结果在表 2－7 中表示。从中我们发现一个值得深思的问题就是在新发现的 46 个克隆体中有一个 *p44* 克隆的序列（Tick18－9－20－Shizuoka－Io）是与美国单株分离 *A. phagocytophilum* 的 *p44* 基因（T－11）序列极其相似，相同性达到 99%。但是其余的 45 个克隆都拥有自己独特的序列与美国的分离菌株只有 61%－79% 的相同性。而且这些有着独特序列的 *p44* 克隆大多是由 *I. persulcatus* 而来的克隆体（见表 2－7）。

那么为什么由 *I. persulcatus* 及 *I. ovatus* 得来的 *A. phagocytophilum* 的 *p44* 基因克隆体氨基酸序列在两者间有如此大的差异呢，我们当初认为 *I. persulcatus* 以及 *I. ovatus* 所媒介的是不同种类的 *A. phagocytophilum* 病原体。可是仔细分析图 2－5 中的系统发生树会发现从 *I. persulcatus* 以及 *I. ovatus* 所获得的 *p44* 基因克隆集群在蜱虫的种类之间并没有明显的界限差异，一部分克隆是在各个集群里混合存在的。根据这个结果我们推测有一种可能性就是 *I. ovatus* 蜱虫体内的 *A. phagocytophilum* 病原体是在通过改变菌体表面的 P44 蛋白种类来适应宿主体内的生存环境。也就是说在 *I. ovatus* 蜱虫体内，*A. phagocytophilum* 病原体菌体表面“A 集群类型”的 *p44* 外膜蛋白被积极地表达，因而使*A. phagocytophilum*病原体能够在这类蜱虫体内更加顺利，更加容易地生存下来。

另外通过本研究我们还分析得出，174个克隆体中的那80个持有不同氨基酸序列的克隆与Kawahara等（参考文献【62】）迄今发现的野生鹿由来的7个*p44*基因序列有着很大的差异，分别存在于不同的集群，从而明白了它们在分子遗传学上有比较远的亲缘关系。这也从遗传学的角度表明了在日本国内存在各种形态不同的*A. phagocytophilum*病原体的Variants（变异体）。实际上Massung等（参考文献【67】）也发表过在美国的野生鹿体内发现了多种形态的*A. phagocytophilum*病原体的遗传型Variants，它们中的一部分是对人类具有病原性的。正因为在自然界存在着这种数量繁多的遗传型Variants，因此对发现和研究对人类显示病原性的*A. phagocytophilum*（简称"感染人类型*A. phagocytophilum*"）的研究提出了诸多难题。

根据以上研究我们对日本国内存在的*A. phagocytophilum*病原体包括超可变区域的*p44*基因群的基因构造有了一定的了解，虽然只是部分构造地解析，但成功地标明了它的基本特征。这些发现将给今后在更大范围内更加深入地研究*A. phagocytophilum*病原体的遗传型Variants的形态类别以及分析解读*p44*基因群组的多样性，明确日本国内存在的"感染人类型*A. phagocytophilum*病原体"生物形态的研究提供可靠的科学依据。

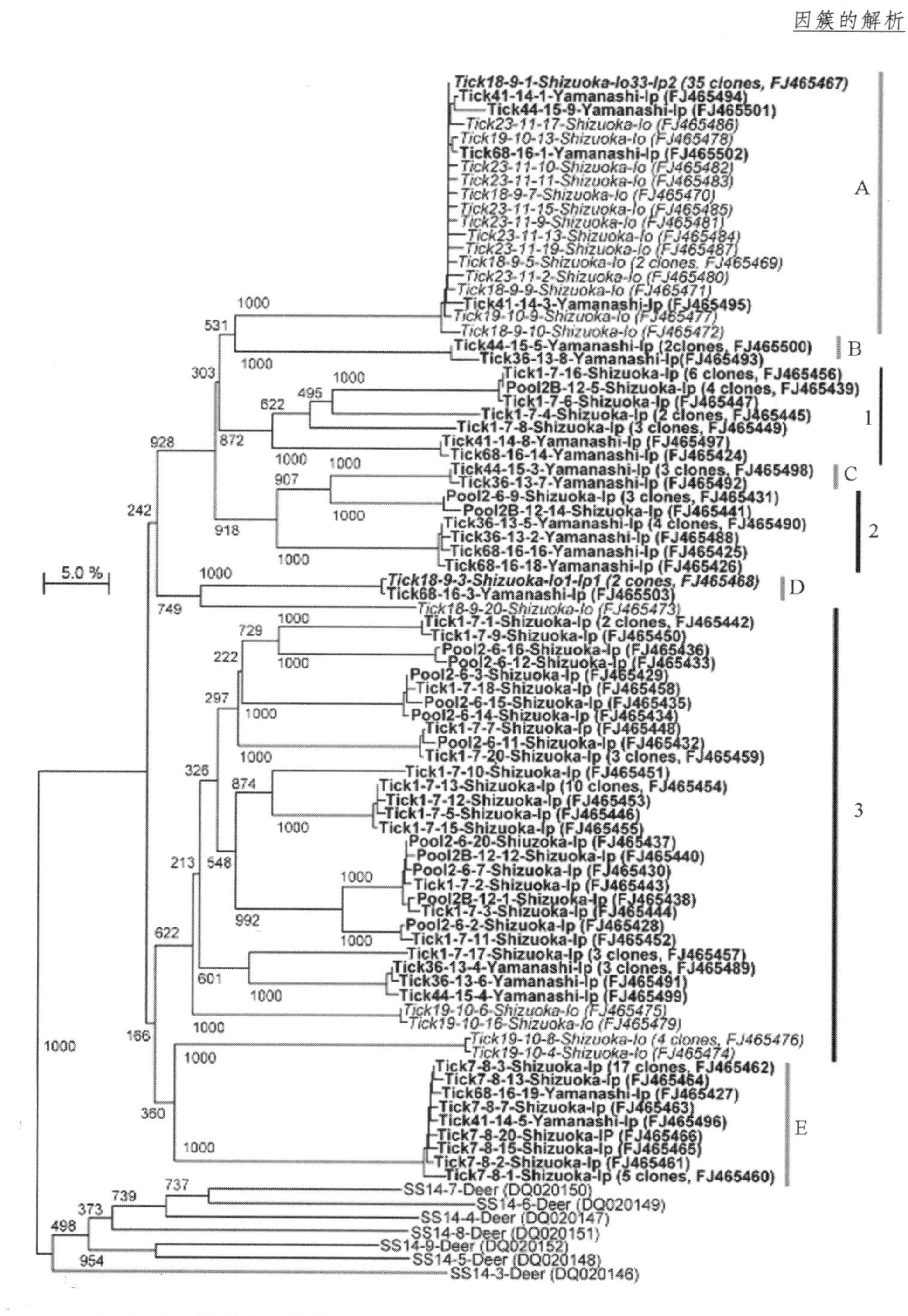

图 2－5　根据日本国内 *I. persulcatus*、*I. ovatus* 蜱虫以及野生鹿（Deer）体内*A. phagocytophilum*病原体 *p44* 基因克隆体的氨基酸序列所构建的系统发生树

图 2－5 注：

图 2－5 的系统发生树是根据日本国内发现的 A. phagocytophilum 病原体内获得的 87 个种类 *p44* 基因克隆体的氨基酸序列（144—170）应用 Neighbor －Joining（NJ）近邻相接法制作而成。图中 *I. persulcatus*（*IP*）、*I. ovatus*（Io）以及从二者（Ip－Io）获得的 80 个 *p44* 克隆分别用黑体、斜体以及黑斜体字表示。另外 Kawahara 等（参考文献【62】）从野生鹿体内提取的 7 个序列（SS－14－3－Deer ~ SS－13－9Deer）用常规字体表示。图中的灰色纵线 A、B、C、D、E 表示的是我们以前所发表的 108 ~ 122 个短序列组成的 *p44* 克隆体 Tick23 －3（AY969025）、Tick68 －2（AY969036）、Tick68 －3（AY96969037）、Tick36－2（AY969034）以及 Tick44－3（AY969034）（参考文献【23】）的序列。黑色纵线 1 ~ 3 是本研究中新发现的日本国内 *A. phagocytophilum* 的 *p44* 克隆体。系统发生树分支点上的数值表示 Bootstrap 分析中 1000 次 resampling 的结果。括弧内表示的是相同序列的克隆总数与 GenBank 的 accession number。

表 2－7　Newly identified ***p44*** multigenes in Japanese *A. phagocytophilum* and their closest relatives

*p*44 clones	Tick species	New cluster no. in Fig. 1－3	Closest relative	klentity by BLASTP（%）accession no.
Tick1－7－16－Shizuoka－lp	1. *persucatus*	1	C3H－3	122/169（72）/AY112690
Pool2B－12－5－Shizuoka－lp	1. *persucatus*	1	C3H－3	127/169（75）/AY112690
Tick1－7－6－Shizuoka－lp	1. *persucatus*	1	C3H－3	122/169（72）/AY112690
Tick1－7－4Shizuoka－lp	1. *persucatus*	1	Feral Goat－UK	129/163（79）/AY176564
Tick1－7－8	1. *persucatus*	1	patint 2，day 27	115/164（69）/AY164494
Tick41－14－8－Yamanashi－lp	1. *persucatus*	1	P44－1	124/168（73）/NC_ 007797
Tick68－16－14－Yamanashi－lp	1. *persucatus*	1	P44－1	123/168（73）/NC_ 007797
Pool2－6－9－Shizuoka－lp	1. *persucatus*	2	Feral Goat－UK	116/160（72）/AY176553
Pool2B－12－14－Shizuoka－lp	1. *persucatus*	2	Feral Goat－UK	114/159（71）/AY176553
Tick36－13－5－Yamanashi－lp	1. *persucatus*	2	WR1v2	127/159（79）/DQ519570
Tick36－13－2－Yamanashi－lp	1. *persucatus*	2	WR1v2	127/159（79）/DQ519570
tick68－16－16－Yamanashi－lp	1. *persucatus*	2	WR1v2	127/159（79）/DQ519570
tick68－16－18－Yamanashi－lp	1. *persucatus*	2	WR1v2	127/159（79）/DQ519570
Tick18－9－20－Shizuoka－lo	1. *ovatus*	3	T－11	168/169（99）/AY112686
Tick1－7－1－Shizuoka－lp	1. *persucatus*	3	Cairn－UK	116/173（67）/AY176528
Tick1－7－9－Shizuoka－lp	1. *persucatus*	3	Cairn－UK	116/173（67）/AY176528
Pool2－6－16－Shizuoka－lp	1. *persucatus*	3	P44－51	115/174（66）/AY234863
Pool2－6－12－Shizuoka－lp	1. *persucatus*	3	P44－51	114/174（65）/AY234863
Pool2－6－3－Shizuoka－lp	1. *persucatus*	3	C－2（C－14）	121/169（71）/AF512484
Tick1－7－18－Shizuoka－lp	1. *persucatus*	3	C－2（C－14）	120/169（71）/AF512484
Pool2－6－15－Shizuoka－lp	1. *persucatus*	3	C－2（C－14）	119/169（70）/AF512484
Pool2－6－14－Shizuoka－lp	1. *persucatus*	3	C－2（C－14）	102/150（68）/AF512484
Tick1－7－7－Shizuoka－lp	1. *persucatus*	3	SC1－5	100/160（62）/AF512673
Pool2－6－11－Shizuoka－lp	1. *persucatus*	3	SC1－5	99/160（61）/AF512673
Tick1－7－20－Shizuoka－lp	1. *persucatus*	3	P44－51	114/174（65）/AY234863
Tick1－7－10－Shizuoka－lp	1. *persucatus*	3	P44－47	126/174（72）/AY147264
Tick1－7－13－Shizuoka－lp	1. *persucatus*	3	C－2（C－14）	124/169（73）/AF512484
Tick1－7－12－Shizuoka－lp	1. *persucatus*	3	C－2（C－14）	123/169（72）/AF512484
Tick1－7－5－Shizuoka－lp	1. *persucatus*	3	C－2（C－14）	123/169（72）/AF512484
Tick1－7－15－Shizuoka－lp	1. *persucatus*	3	C－2（C－14）	123/169（72）/AF512484
Pool2－6－20－Shizuoka－lp	1. *persucatus*	3	C－2（C－14）	105/157（66）/AF512484
Pool2B－12－12－Shizuoka－lp	1. *persucatus*	3	C－2（C－14）	106/157（67）/AF512484
Pool2－6－7－Shizuoka－lp	1. *persucatus*	3	C－2（C－14）	118/170（69）/AF512484
Tick1－7－2－Shizuoka－lp	1. *persucatus*	3	C－2（C－14）	118/170（69）/AF512484
Pool2B－12－1－Shizuoka－lp	1. *persucatus*	3	C－2（C－14）	117/170（68）/AF512484
Tick1－7－3－Shizuoka－lp	1. *persucatus*	3	C－2（C－14）	117/170（68）/AF512484
Pool2－6－2－Shizuoka－lp	1. *persucatus*	3	C－2（C－14）	120/171（70）/AF512484
Tick1－7－11－Shizuoka－lp	1. *persucatus*	3	C－2（C－14）	120/172（70）/AF512484
Tick1－7－17－Shizuoka－lp	1. *persucatus*	3	P44－44	118/172（68）/AF512484
Tick36－13－4－Yamanashi－lp	1. *persucatus*	3	P44－44	119/172（69）/AF512484
Tick36－13－6－Yamanashi－lp	1. *persucatus*	3	P44－44	118/172（68）/AF512484
Tick44－15－4－Yamanashi－lp	1. *persucatus*	3	Feral Goat－UK	122/171（71）/AY176534
Tick19－10－6－Shizuoka－lo	1. *ovatus*	3	P44－8	119/165（72）/AF412823
Tick19－10－16－Shizuoka－lo	1. *ovatus*	3	P44－8	118/165（71）/AF412823
Tick19－10－8－Shizuoka－lo	1. *ovatus*	3	P44－18	107/158（67）/AY151054
Tick19－10－4－Shizuoka－lo	1. *ovatus*	3	P44－18	108/158（68）/AY151054

第三章　关于日本静冈县蜱虫体内 *A. phagocytophilum* 病原体 *p44* 基因表达区域的解析

第一节　序　　言

如绪论所述，*A. phagocytophilum* 病原体是通过菌体表面的 *p44* 外膜蛋白的变换作用来躲避宿主的免疫防御机能，这个外膜蛋白组的表达基因是散落在 *A. phagocytophilum* 的基因链中，我们称为“*p44* multigene family”即 *p44* 主要外膜蛋白表达基因簇。关于 *p44* 外膜蛋白以及 *p44* 外膜蛋白表达基因簇的特征我们在绪论部分已经做了详细介绍。2006 年美国研究者解读了患者体内分离菌株（HZ 株）的全部基因序列编码，从中明确了 *A. phagocytophilum* 的基因链中 *p44* 外膜蛋白表达基因的 *p44* 基因断片的总数合计为 113 片段（绪论 - 图 1 - 8）。而这个 *p44* 基因簇的表达是在基因链上一处 7kb 的叫做“*p44* 表达区域（称：*p44* expression locus 或 *p44* expression site）”的区域内完成的。这个表达区域内的基因结构配置是 5′末端开始，依次为 *tr*1（transcriptional regulator 1）表达基因、*omp - 1X*（outer membrane protein 1X）表达基因、*omp - 1N*（outer membrane protein 1N）表达基因、*p44* 表达基因段、以及 3′末端不完整的 *recA*（recombination protein A）游离基因段等。在表达区域的 5′末端上游有反向对接的 ndk（nucleoside diphosphate kinase）表达基因，在 3′末端的下游连接的也是反向对接的 valS（valyl - tRNA synthetase）表达基因（绪论 - 图 1 - 9）。*A. phagocytophilum* 病原体就是将基因链上的 *p44* 基因簇中的一个 *p44* 基因片段有选择性地导入 *p44* 表达区域使之表达为菌体表面蛋白，进而为了躲避宿主的免疫防御机能它会将另外不同

的 *p44* 基因调换到表达区域（相同性组换）把不同的表面蛋白再次表达至菌体表面从而引起宿主的抗原变异（绪论 - 图 1 - 10、1 - 11）。最近 Barbet 等研究者（美）通过研究美国患者与欧洲动物分离株的 *p44* 表达区域构造，得出该区域的基因配置（*omp - 1X*、*omp - 1N*、*p44* 表达基因段、*recA*）在欧美之间有共同性，进而推论它们在世界范围内具有广义上相同性的观点。但是在 Barbet 等的研究里并没有包含亚洲地域的 *A. phagocytophilum* 病原体，因此我们觉得这种观点不是十分的准确。可是包括日本，在亚洲地区对 *A. phagocytophilum* 的研究才刚刚开始，对该菌的单株分离还没有实现，因此对 *p44* 表达区域的基因构造解析还是个难题。

基于上述情况本章将应用最近的分子生物学方法，使用第二章中静冈县与山梨县被检测出 A. *phagocytophilum* 的阳性样本（*I. persulcatus* 与 *I. ovatus*）DNA 对 *A. phagocytophilum* 的 p44 表达区域的基因构造进行解析。为了确保实验用 DNA 量我们将采用 Multiple displacement amplification（MDA）扩增法使用 GenomiPhi V2（GE HealthCare 制）活性酶进行样本基因（蜱虫唾液腺提取 DNA）的整体扩增后投入实验。

第二节　*p44* 表达区域内 *p44* 基因片段部分的解析（实验 1）

一、实验（1）方法

1. 实验材料

将第二章中静冈县与山梨县地区被检测出 *A. phagocytophilum* 的阳性样本 DNA（表 3 - 1）应用 Multiple displacement amplification（MDA）扩增法使之整体扩增后投入使用。

表 3－1　基因样本名及保菌蜱虫的种类

检体名	tick－1	tick－9	Tick－18	Tick－19	Tick－23	P2	J4
蜱虫种类	*I. persulcatus*	*I. persulcatus*	*I. ovatus*	*I. ovatus*	*I. ovatus*	*I. persulcatus*	*I. ovatus*

2. *p44* 表达区域解析用引物的设计

本章的研究目的就是解读 *p44* 表达区域的基因构造。因此解析用引物的设计是当中最重要的一个内容。迄今为止已经解析证明的 *p44* 表达区域的只有美国患者的分离菌株、欧洲瑞典牧羊犬的分离菌株（Swedish dog）以及挪威山羊的分离菌株等。在这里我们检索分析了这些分离菌株 *p44* 表达区域的碱基序列，根据这些序列的共同之处设计了本实验的分析用引物。我们将序言里所述 *p44* 表达区域的 *omp*－1*X*、*omp*－1*N*、p44 表达基因段、*recA*、*valS* 等各个基因段设为扩增标靶尽量设计一些能够扩增较长基因段的引物对。

首先设计了能够扩增 *omp*－*1N*、*p44* 表达基因段以及 *recA* 基因区域的引物。如图 3－1 所示，在 *p44* 基因段 5′末端的氨基酸序列稳定保留区域和与它下游邻接的 *recA* 片段 5′末端之间设计了扩增长度为 1200～1500bp 的 A1、A2、A3 三对引物对。上游的 Forward 引物是 p44LA－F1、p44LA－F2、p44LA－F3，下游的 Reverse 引物为 p44LA－R1、p44LA－R2、p44LA－R3（表 3－2）。然后又在 *omp*－1*N* 的 3′末端和 *p44* 表达基因段 3′末端的氨基酸序列稳定保留区域之间设计了能够扩增 1200～1800bp 长度的 B1、B2、B3 三对引物。上游的 Forward 引物分别是 *ompN*－*F*1、*ompN*－*F*2、*ompN*－*F*3，下游的 Reverse 引物为 p44EX－R1、p44 EX －R2、p44 EX －R3（表 3－2）。如此设计的两组引物能够将 *p44* 表达基因的整个片段及 *omp*－*1N*、*recA* 的部分片段全面扩增。

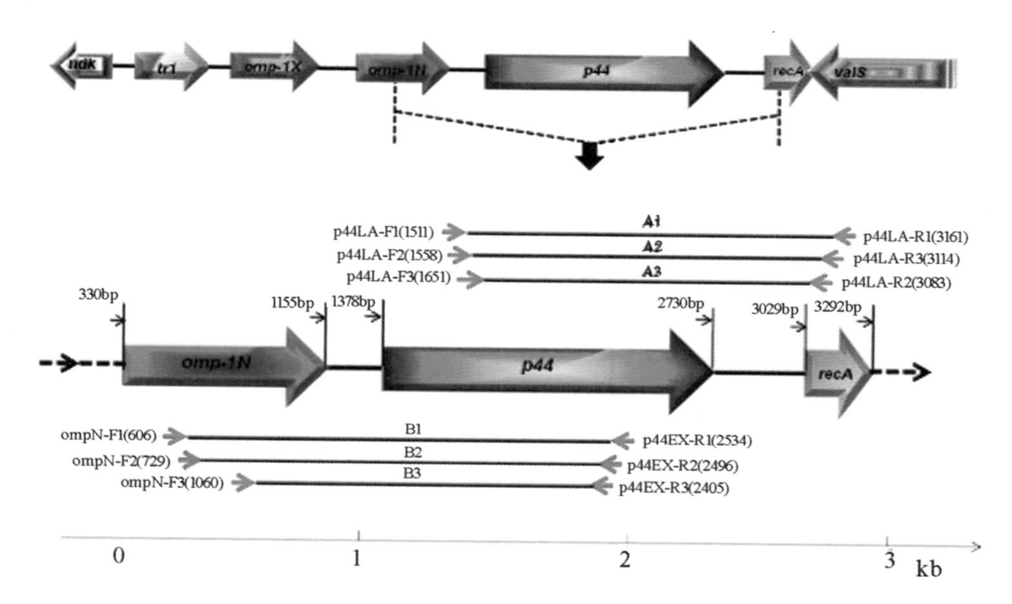

图 3－1 能够扩增整个 *p44* 表达基因片断的引物设计模式图（A、B 组）

表3－2　A、B组引物序列表

PCR primers used for analysis of a *p*44 expression site of Japanese A. phagocytophilum in salivary glands of ticks

Primer name	Sequence	Direction	Product length(bp)	Amplified fragment
p44LA－F1	5′－TGGATTACAGTCCAGCGTTTAGCAAGATAAGAG－3′	Forward	1570	A1
p44LA－R1	5′－CACACTCAACAGCTTCTACAGGCTATTCTG－3′	Reverse		
p44LA－F2	5′－GAGAGTAACGGAGAGACTAAGGCAGTAT ATCC－3′	Forward	1480	A2
p44LA－R2	5′－CCACGCCCAAAAGCGCGTTCAATCTGACC－3′	Reverse		
p44LA－F3	5′－GATCCTCGCATTGGCTTTAAGGACAACATGC－3′	Forward	1360	A3
p44LA－R3	5′－TAGCAGCATCAACAGCCCGCTGCTTATCAG－3′	Reverse		
ompN－F1	5′－CCTGTGTACACAGAAGATTTTGCACTGAGTGG－3′	Forward	1850	B1
p44EX－R1	5′－GATAACTCAAGCCAGCCTTTAATCTATAAGCAAG－3′	Reverse		
ompN－F2	5′－GGGAATGCGGTGCACTTCGCGTTCACTAC－3′	Forward	1700	B2
p44EX－R2	5′－GGAGTGATATGACCATCAACAACACCAACGAA－3′	Reverse		
ompN－F3	5′－CGCGTTTTTTCGGTGGCTGCGGTTGAGGG－3′	Forward	1280	B3
p44EX－R3	5′CATAACAAGCATTGACCATAACCGAAGTAGAAGA－3	Reverse		

3. 应用 MDA 扩增法对蜱虫唾液腺提取 DNA 的整体扩增（Genomiphi）

为了确保实验用 DNA 的量我们将第二章中所剩下的且检测出 *A. phagocytophilum* 病原体 *p44* 表达基因的阳性样本应用 Multiple displacement amplification（MDA）扩增法进行了整体扩增。实验步骤是根据 Genomiphi V2 DNA Amplification Kit 操作手则来进行完成。

4. First PCR 反应

将表 3－1 中的 7 个受检样品进行扩增后以这些样本作为模版使用图 3－1 以及表 3－2 所示 A、B 两组中的 A1 和 B1 两对外侧的引物，针对 *p44* 表达基因片段及 *omp*－1*N*、*recA* 的部分片段进行 First PCR 扩增反应。因为预想扩增长度在 1500～1800bp 较长范围内，所以本实验中使用了能够扩增较长碱基的 Long amplification *Taq* DNA 聚合酶（日本 TaKaRa 制）。

表 3－3　First PCR 反应液的组成

试　　剂	量（μl）
模版　DNA	2
LA Taq™	0.25
Forward（10μM）P44 LA－F2（A1），ompN－F1（B1）	2.5
revers（10 μM）P44 LA－R1（A1），p44EX－R1（B1）	2.5
灭菌水	11.25
2.5 mM dNTPs	4
10 × LA PCR Buffer（plus Mg^{2+}）	2.5
Total	25

表 3－4　First PCR 反应

a	94℃［1min］		
b	98℃［10sec］	68℃［3min］	45cycles
c	72℃［10min］	25℃［F］	

5. Nested PCR 反应

Nested PCR 反应是将 First PCR 反应后的生成物用 A、B 两组引物中内测的A2、A3以及B2、B3引物对其进行平行或交叉组合来实施。具体的组合如下。

A组：【p44LA－F2（Forward）与p44LA－R2（Reverse）】、【p44LA－F2（Forward）与p44LA－R3（Reverse）】、【p44LA－F3（Forward）与p44LA－R3（Reverse）】以及【p44LA－F3（Forward）与p44LA－R2（Reverse）】等组合。

B组：【ompN－F2（Forward）与p44EX－R2（Reverse）】、【ompN－F2（Forward）与p44EX－R3（Reverse）】、【ompN－F3（Forward）与p44EX－R3（Reverse）】以及【ompN－F3（Forward）与p44EX－R2（Reverse）】等组合。

表3－5中表示了Nested PCR反应物的组成。另外PCR扩增反应条件是与First PCR反应完全相同。

表3－5　Nested PCR反应液的组成

试　剂	量（μl）
First Pcr 扩增 DNA	1
LA Taq™	0. 25
Forward（10μM）	2. 5
Revers（10μM）	2. 5
灭菌水	12. 25
2. 5mM dNTPs	4
10×LA PCR Buffer（plus Mg^{2+}）	2. 5
Total	25

6. 扩增产物的确认

First PCR以及Nested PCR反应生成物是通过DNA电泳后的DNA条带加以确认。

7. 扩增产物的克隆

扩增产物的克隆操作与第二章第二节“*p44*基因簇PCR扩增物的克隆”相同。

8. DNA序列的确定

确定方法与第二章第二节“DNA序列的确定”方法一致。

9. DNA 序列的解读与系统发生树的解析

本章的操作方法与第二章第二节“DNA 序列解读分析与系统发生树的解析”方法相同。

二、实验（1）结果

本实验是将表 3－1 中列出的 *I. persulcatus* 以及 *I. ovatus* 蜱虫唾液腺 DNA 提取物使用 MDA 扩增法进行扩增反应，然后以它们作为模版使用本实验中设计的 A、B 两组引物进行 First PCR 以及 Nested PCR 反应。结果，对 7 只蜱虫唾液腺 DNA 提取物进行的 PCR 反应中，在使用 B 组引物的所有反应里没有获得扩增产物（*p44* 表达基因片段的上游）。但是受检样 Tick－1（*I. persulcatus*）在使用 A 组引物 A1（p44LA－F1 与 p44LA－R1）以及 A1 和 A2 的交叉引物（p44LA－F2 与 p44LA－R1）的 First PCR 反应中，获得了理想的扩增产物（图 3－2）。其他的 6 个样品在引物的各种组合，以及 First PCR 和 Nested PCR 反应中都没有出现理想的反应扩增产物。

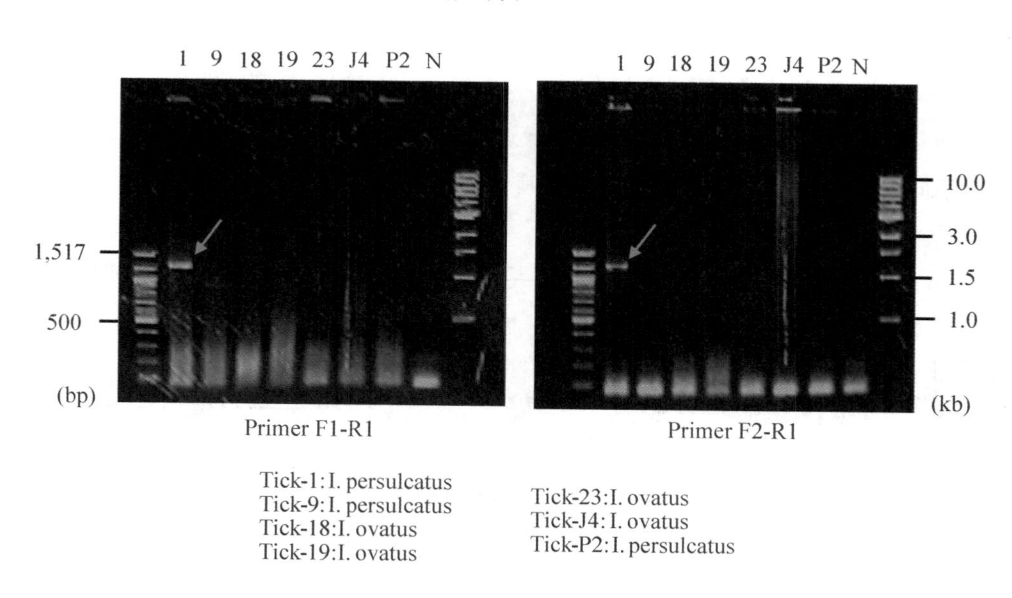

图 3－2　First PCR 反应结果（红色箭头所示条带是 Tick－1 的扩增产物）

所获得的扩增产物里包含了 *p44* 表达基因片段，也就是说这个片段里也包含了 *p44* 表达基因的超可变区域。所以在解读碱基序列之前需要做该片段基因的 TA 克隆。以便分别出每个不同的 *p44* 表达基因，因为一个基因片段里只能包含一种序列的超可变区域。我们将 A 组引物 A1（p44LA－F1 与 p44LA－R1）的扩增产物（电泳条带）切取，精炼提取后进行 TA 克隆。经过克隆化操作我们获得了 9 个 *p44* 表达基因的克隆体。对这 9 个克隆的碱基序列进行分析后发现我们得到的 DNA 序列是从 *p44* 基因 5′末端所设计的 p44LA－F1 引物的位置开始直到越过 *p44* 基因终止密码子 66 个碱基序列的位置，序列全长约 1200bp（图 3－3 黄色区域）。也就是说本实验中通过 A1 引物测得的 1200bp 序列要比预想扩增的 DNA 片段（图 3－3 中蓝色标示）短一些。本来 Reverse 引物 P44LA－R1 是根据欧美的 *p44* 表达区域的基因构造在 *recA* 基因片段上设计的，但是从扩增产物的基因分析来看引物 P44LA－R1 的位置是在 *p44* 基因的终止密码子下游 66 个碱基之后。而且在这 66 个碱基中也没有相当或相似于 recA 基因的序列。我们认为这是静冈县的 Tick－1（*I. persulcatus*）体内 *A. phagocytophilum* 病原体基因序列中的 *p44* 基因片段下游的一段碱基序列与 Reverse 引物 P44LA－R1 的序列高度相似，因而这些序列与引物的碱基结合，得到了比预想中短的 DNA 序列。这也说明静冈县的 Tick－1 体内 *A. phagocytophilum* 病原体的 *p44* 基因表达区域在很大程度上与欧美的表达区域有不同的可能性。正因为如此，所以其他的引物都没有发挥应有的机能。

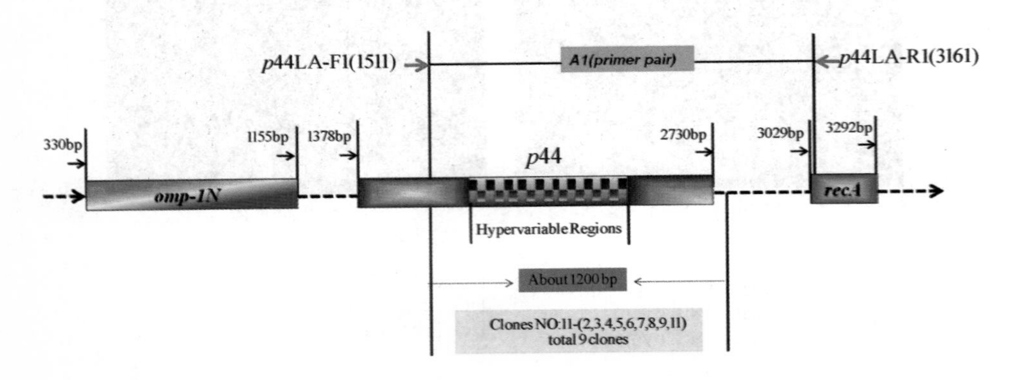

图 3－3　A 组 A1 引物对所扩增的 *p44* 基因表达区域模式图（1200bp）

另外，我们将获得的 9 个克隆应用 Clustal X 软件（USA）进行分析后发现，9 个克隆中的 7 个克隆（11 –2、11 –3、11 –4、11 –5、11 –7、11 –8、11 – 9）的碱基序列的相似性高达 99. 1% 以上（表 3 – 6）。这表明感染 *I. persulcatus* 蜱虫的 Tick – 1 的 *A. phagocytophilum* 病原体菌体表面的外膜蛋白很可能是由上述 11 –2、11 –3、11 –4、11 –5、11 –7、11 –8、11 –9 类型的 *p44* 基因所表达。因此我们将第二章中获得的包含 *p44* 超可变区域的 174 个克隆与上述 9 个克隆进行序列比对，发现这些克隆与集群 3 中的 Tick1 –7 –1 – Shizuoka – Ip（2clones FJ465442）的序列一致或相当接近（图 3 –4）。这也证明在第二章实验中获得的 174 个 *p44* 克隆里至少有一个 *p44* 基因类型是静冈地区 *I. persulcatus* 蜱虫体内寄生 *A. phagocytophilum* 病原体外膜蛋白的表达基因。

表 3 –6 实验（1）中获得的 *p44* 基因克隆体序列的相似性比较（%）

No	Clones	1	2	3	4	5	6	7
1	11 –2 – full		99. 1	99. 4	99. 5	99. 3	99. 5	99. 5
2	11 –3 – full			99. 3	99. 4	99. 2	99. 4	99. 5
3	11 –4 – full			99. 8	99. 5	99. 8	99. 7	
4	11 –5 – full				99. 6	99. 8	99. 8	
5	11 –7 – full					99. 6	99. 6	
7	11 –9 – full						99. 8	

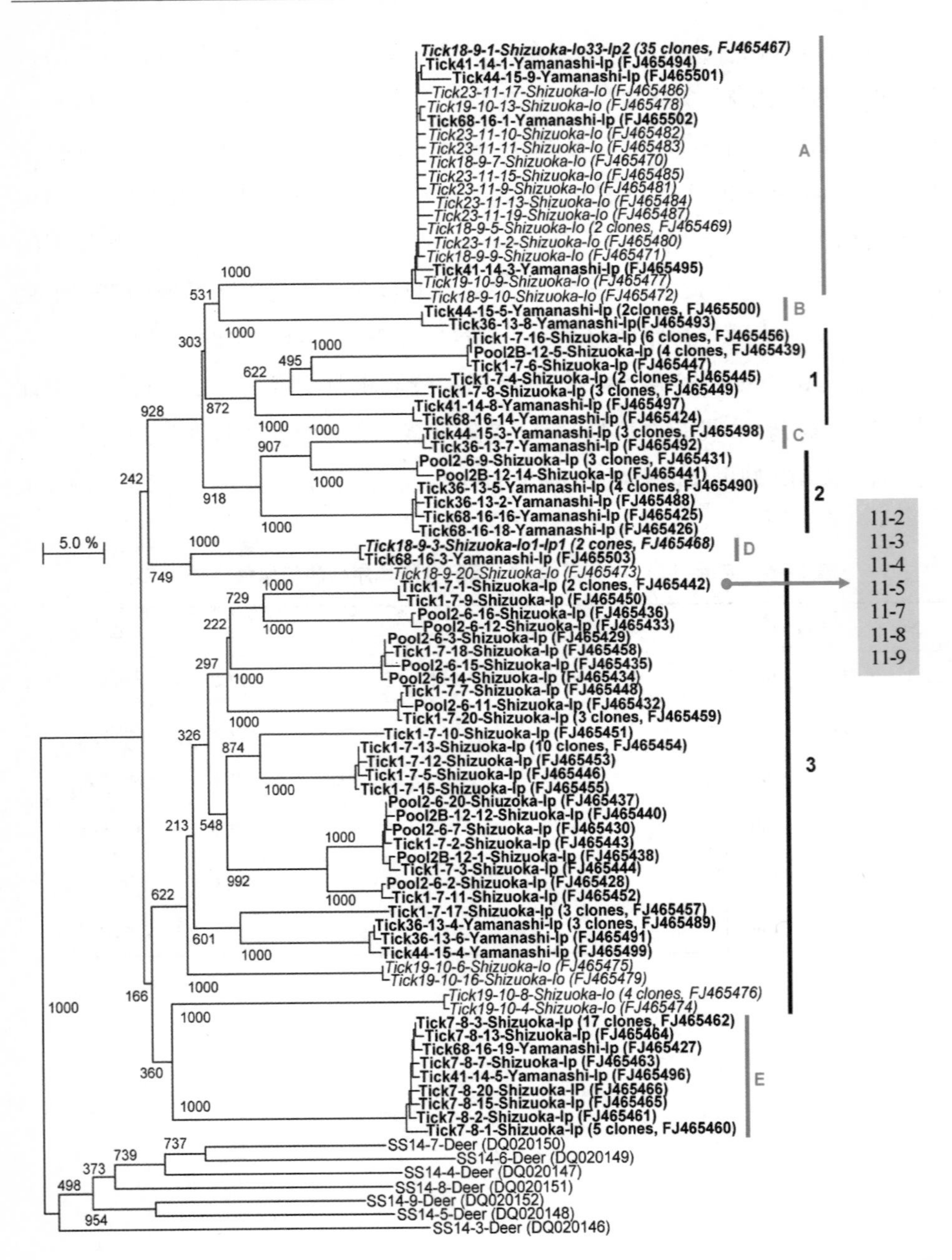

图 3-4　实验（1）的 7 个相似性极高的 *p44* 克隆基因与第二章中发现的 174 个 *p44* 克隆基因的序列分析比对（7 个序列与第二章中的 Tick1-7-1-Shizuoka-Ip（2clones FJ465442）的序列一致。）

第三节　*p44* 表达区域 *omp* - 1*X*、*omp* - 1*N*、*recA* 以及 *valS* 基因片段的测定解析（实验 2）

在实验 1 中使用 **A1** 引物扩增解析的基因片段很有可能就是组换到 *p44* 表达区域内表达外膜蛋白的 *p44* 表达基因。根据实验结果我们在 *p44* 基因上游设计的 B 组引物没有得到应有的扩增效果，下游的 *recA* 片段的存在与否，也存在着疑问。所以为了弄清本实验中解析的部分 *p44* 表达区域在结构上与欧美发现的 *p44* 表达区域有何不同，我们又设计了大量的引物用来解析 *p44* 表达区域的基因构造。

一、实验（2）方法

1. *p44* 表达区域的引物设计

我们根据欧美 *A. phagocytophilum* 的 *p44* 表达区域，特别是 *p44* 基因片段上游和下游的 *omp* - 1*X*、*omp* - 1*N*、*recA*、*valS* 基因片段以及从实验 1 中得到的序列信息，应用 DNA 编辑软件 Edit sequence（DNA star）和 DNA 序列拼接软件 Megalign 设计了大量的 *omp* - 1*X*、*omp* - 1*N*、*recA* 以及 *valS* 基因片段扩增用引物。为了测定 *p44* 基因片段上游的 *omp* - 1*X* 和 *omp* - 1*N* 基因片段，在 *omp* - 1*X* 和 *omp* - 1*N* 片段内以及 *p44* 基因片段的氨基酸序列稳定保存的 5′末端设计了如图 3 - 5 所示的 C、D、E 三组引物（表 3 - 7）进行扩增反应。

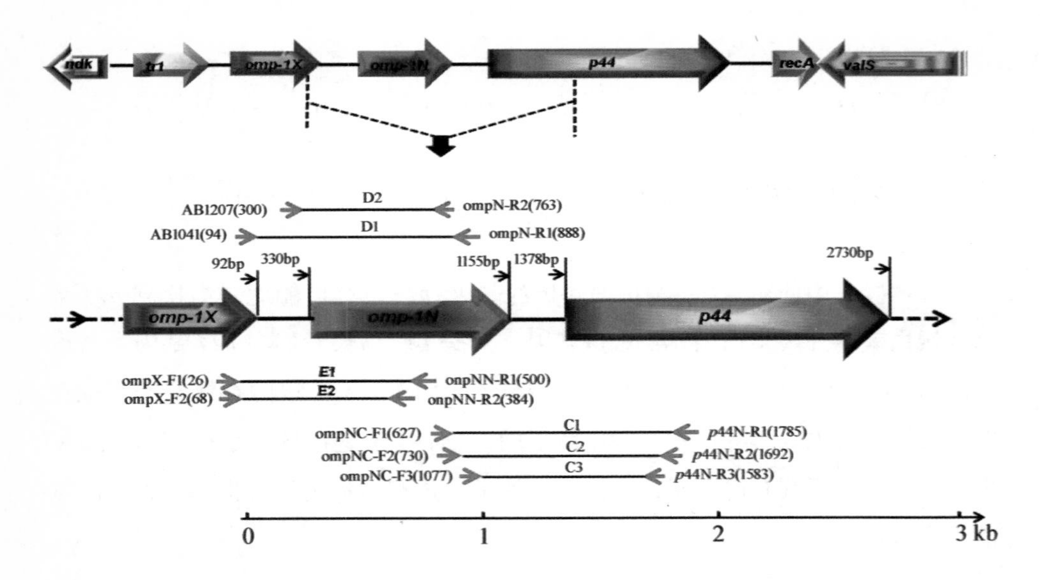

图 3－5　*p44* 基因片段上游 *omp*－1*X*、*omp*－1*N* 扩增用引物组

接下来为解读 *p44* 基因片段下游的 *recA* 以及 *valS* 基因片段，我们在 *recA*、*valS* 基因片段内以及 *p44* 基因片段的氨基酸序列稳定保存的 3′末端设计了如图 3－6 所示的 F、G2 组引物（表 3－8）进行扩增反应。

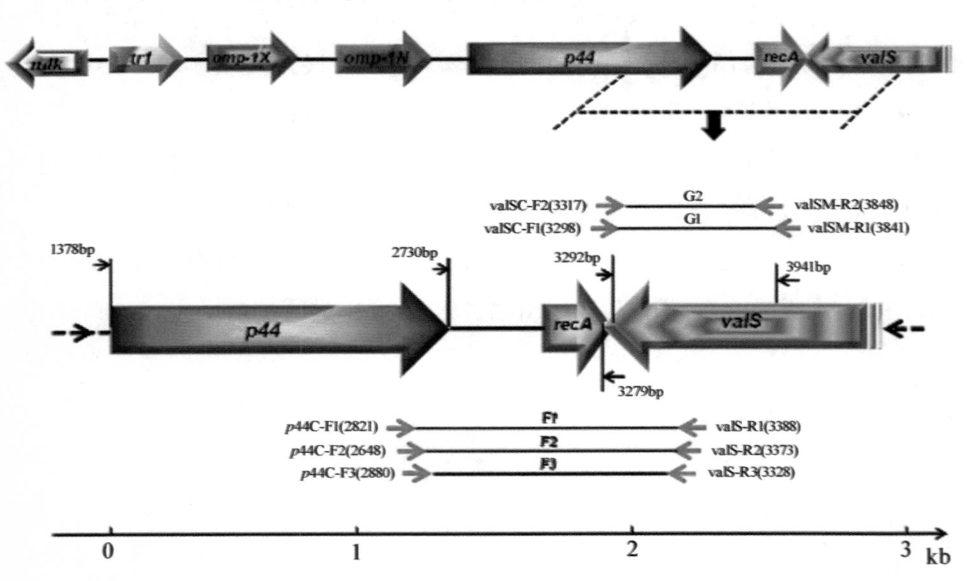

图 3－6　*p44* 基因片段下游 *recA* 以及 *valS* 扩增用引物组

表 3-7　*p44* 基因表达区域 *omp-1X* 与 *omp-1N* 基因解析用引物序列表

PCR primers used for analysis ofa *p44* expression site of Japanese *A. phagocytophilum* in salivary glands of ticks

Primer name	Sequence	Direction	Product length(bp)	Amplified fragment
ompNC - F1	5′ - GGACTGAGTGGTTCTTTCGG - 3′	Forward	1160	C1
p44N - R1	5′ - ACCACTATCTCTAATACCCTT - 3′	Reverse		
ompNC - F2	5′ - GGAATGCGGTGCACTTCGC - 3′	Forward	960	C2
p44N - R2	5′ - CATAGCTACAAGCATGTTGTC - 3′	Reverse		
ompNC - F3	5′GGTGTTGACACTCTGCTTTC - 3′	Forward	510	C3
p44N - R3	5′ - ACTGCCTTAGTCTCTCCGTT - 3′	Reverse		
* AB 1041	5′ - ATGTCAGTACCGGCATATCTTGAAATC - 3′	Forward	800	D1
ompN - R1	5′ - AGGTATAGATCCCATTCTTCTC - 3′	Reverse		
* * AB 1207	5′ - GGGAGTGCTCTGGTTAGATTTAGG - 3′	Forward	460	D2
ompN - R2	5′ - CATAGCTACAAGCATGTTGTC - 3′	Reverse		
(* AB 1041 and * * AB 1207 ※refer to Barbet et al,2006)				
ompX - F1	5′ - ATATCCTGATGCTCACCTATC - 3′	Forward	470	E1
ompNN - R1	5′ - TACACTGCCAGTTATACCCTT - 3′	Reverse		
ompX - F2	5′ - ATGTGGTGTTCGACTAACACT - 3′	Forward	310	E2
ompNN - R2	5′ - GATACGAGCAAGCAACAGGT - 3′	Reverse		

表 3-8　*p44* 基因表达区域 *recA* 以及 *valS* 基因解析用引物序列表

PCR primers used for analysis of a *p44* expression site of Japanese *A. phagocytophilum* in salivary glands of ticks

Primer name	Sequence	Direction	Product length(bp)	Amplified fragment
p44C - F1	5′-CGTCTTGTAGATGATACTAGTC-3′	Forward	770	F1
valS - R1	5′-TAMAACAACATATGCATCCGCA-3′	Reverse		
p44C - F2	5′-GGCCGTACTAAGGATACTGC-3′	Forward	730	F2
valS - R2	5′-ATCCGCAAATCWTAGAGGATAT-3′	Reverse		
p44C - F3	5′-CTCTATGGCTTATGGTCGGTG-3′	Forward	650	F3
valS - R3	5′-GATAACTATAGAACAAGAGCAG-3′	Reverse		
	M:A,C　W:A,T			
valSC - F1	5′-TCTTCTCCCTGATCTTGTTCT-3′	Forward	640	G1
valSM - R1	5′-ACAGGTAAGCGTCTAGTTACA-3′	Reverse		
valSC - F2	5′-CTATAGTTATCTTTCCAATCTTC-3′	Forward	530	G2
valSM - R2	5′-AAGTCCTCTCGACCAGTGG-3′	Reverse		

2. First PCR 反应

实验方法与本章第二节实验 1 的方法基本相同（表 3－9、表 3－10）。只是本实验中所扩增的目标 DNA 的长度在 1kb 以下较短的序列，因此选用了对短序列扩增具有高敏感度的 Bland Taq 聚合酶（TOYOBO）。同样本实验为了最大限度地提高扩增可能，在最初的 First PCR 中将各个引物对做了交叉组合后进行了扩增反应。

表 3－9　First PCR 反应液组成

试　剂	量（μl）
模版 DNA（5～200ng）	2
Blend taq（2.5 units/ul）	0.25
Forward（10μM）	1
Revers（10μM）	1
灭菌水	15.75
2.5 mM dNTPs	2.5
10 × Buffer for Blend Taq	2.5
Total	25

表 3－10　First PCR 反应条件

a	94℃ [3min]			
b	94℃ [30sec]	58℃ [30sec]	72℃ [1min]	40cycles
c	72℃ [5min]	25℃ [F]		

3. Nested PCR 反应

方法与本章第二节实验 1 的方法基本相同，在 First PCR 之后对内侧的引物对也同样实施了交叉配对后进行了 Nested PCR 反应。反应条件与 First PCR 的反应条件相同。

4. 扩增产物的确认

确认方法与本章第二节，一，（6）相同。

5. DNA 序列的确定

因为在 *p44* 表达区域内 *p44* 表达基因的上游以及下游存在的 *omp-1X*、*omp-1N*、*recA* 片段，以及 *valS* 基因片段是没有必要做基因克隆，所以我们将 DNA 序列的测序工作委托 Biomatrix 社（日本株式会社）直接进行了分析确定。

6. 碱基序列的解读与系统发生树的解析

解析方法采用了与第二章，第二节"DNA 序列解读分析与系统发生树的解析"相同的方法。

二、实验（2）结果

为了测定 *p44* 表达基因片段的上游以及下游各基因片段的排列结构，将图 3-5和图 3-6 中设计的各组引物对进行交叉组合实施了 First PCR 以及 Nested PCR 扩增反应。其结果，多数引物对的组合没有达到预期的扩增效果，只扩增了一些非特意性产物。其中只有在 F 组的 P44C-F1 与 ValS-R2 引物对的组合中获得了一个理想的扩增条带（图 3-7 中红色箭头表示的 7 号）。

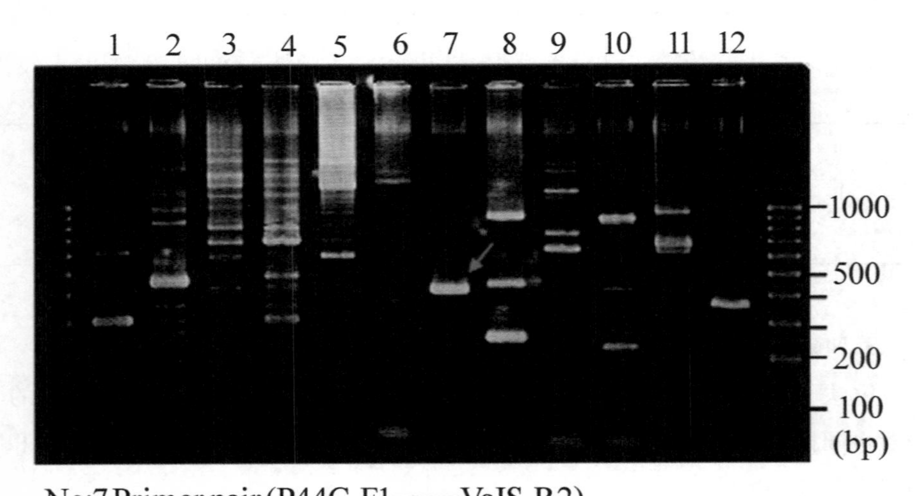

图 3-7　在 *p44* 基因片段下游获得的 PCR 扩增物

我们将此扩增物的碱基序列与实验 1 中测得的 11 －2 ~ 11 －9 的 *p44* 基因克隆体序列进行序列拼接，结果在 *p44* 基因的下游得到了 235bp 的序列延长段（图 3 －8 中红色箭头所示蓝色部分）。而且在这 235bp 的延长序列中并没有发现预想中与 *p44* 基因邻接的 *recA* 基因片段的碱基序列，但是从这些序列中我们发现了反向对接的 *valS* 片段的终结密码子。这些现象强烈表明在本实验中使用的 *I. persulcatus* 蜱虫体内寄生 *A. phagocytophilum* 病原体基因链上，*p44* 基因表达区域的构成结构里很可能不存在 *recA* 基因片段。

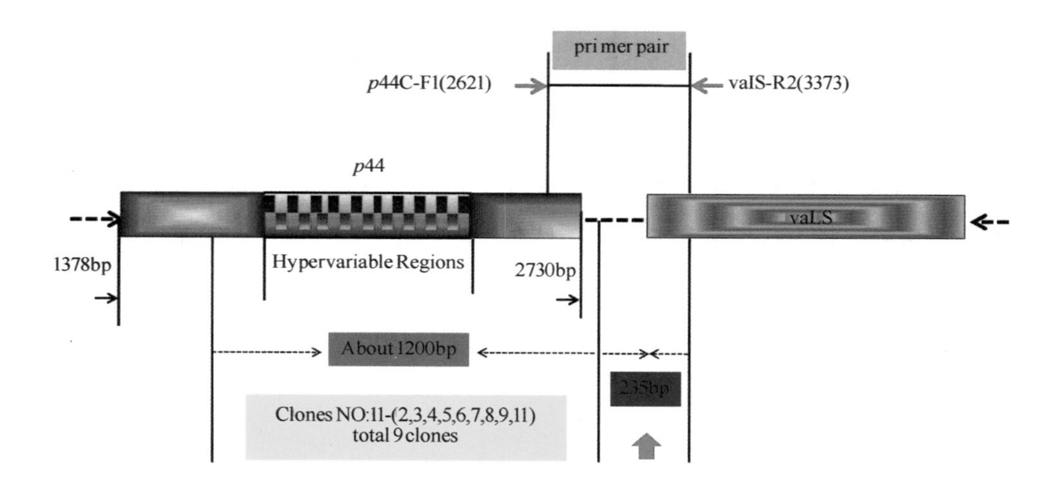

图 3 －8　根据 F 组引物对（P44C －F1/ValS －R2）扩增获得的表达区域内 *p44* 基因片段下游部分的模式图 ※黄色部分的 1200bp 是实验 1 中测得的 *p44* 表达区域，蓝色部分的 235bp 是实验 2 中测得区域。

第四节　应用 *Genome Walker* 法对 *p44* 表达区域内 *omp* - 1*X*、*omp* - 1*N*、*recA* 以及 *valS* 基因片段的测定解析（实验 3）

为了进一步解析静冈地区 *A. phagocytophilum p44* 基因表达区域的结构，本实验中我们使用 Genome Walker Universal Kit（Clontech Laboratories）应用 Genome Walker 法对采集到的 *I. persulcatus* 蜱虫体内 *A. phagocytophilum* 样本 Tick - 1（前面实验所用样品 DNA）的 *p44* 基因片段上游 *omp* - 1*N* 以及下游的 *valS* 片段进行测定。

Genome Walker 法的原理是利用 *Dra* Ⅰ、*Pvu* Ⅱ、*Stu* Ⅰ、*EcoR* Ⅴ 等 4 种限制酶在基因链上任意区域进行剪切，并且在剪切末端粘接一段已知碱基序列的接口 DNA。然后利用能够识别这段接口 DNA 的引物（GWAP1、GWAP2）以及我们在表达区域内自行设计的引物进行 PCR 扩增反应（见图 3 - 9）。

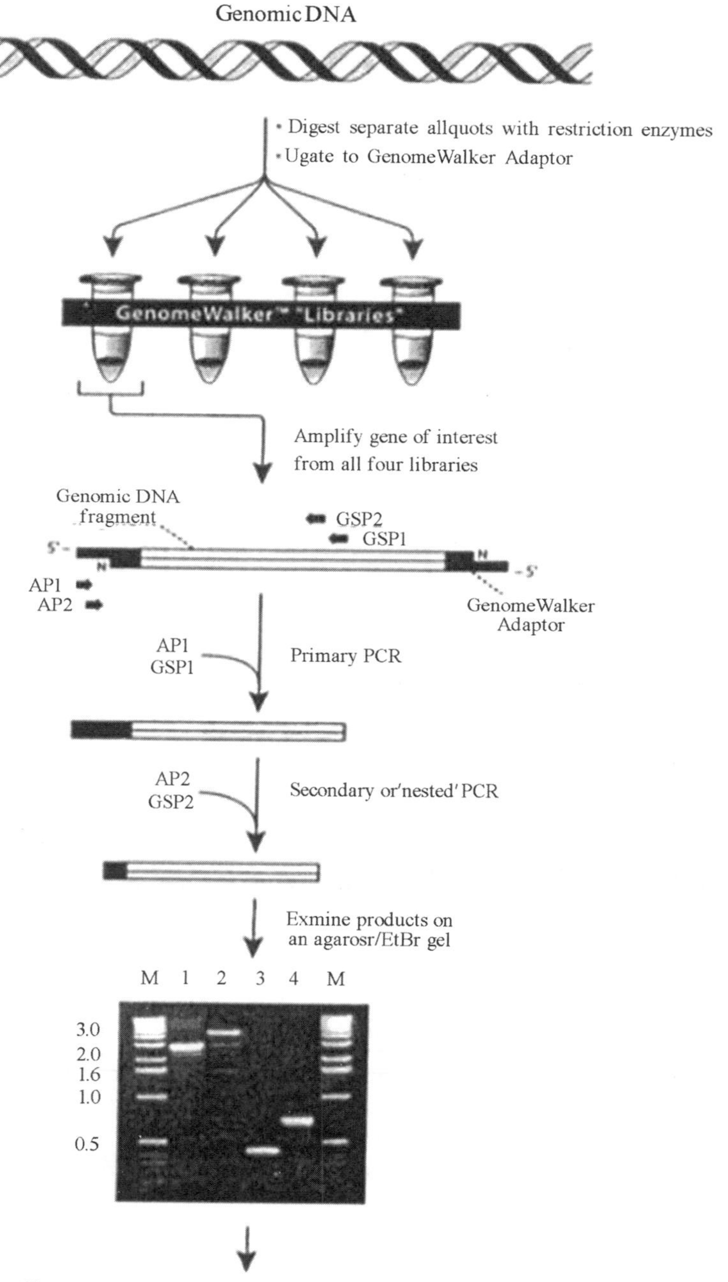

图 3－9 Genome Walker 法原理模式图

一、实验（3）方法

1. 引物设计

引物是根据实验 1 和实验 2 的解析结果进行的。Genome Walker 法中的单侧引物 GWAP1、GWAP2 如上面原理所述，是已经设定好的能够与接口 DNA 链接的碱基序列。另一侧的引物如图 3－10 所示，我们在 *p44* 基因段的 5′末端面向 *omp*－1*N* 片段方向设计了 *p44*－R1 和 *p44*－R2，在它的下游面向 valS 片段方向设计了 valS－F1 和 valS－F2。引物 valS－F1 和 valS－F2 是为了确定 valS 基因片段下游更远的序列，所以在实验 2 中获得的 235bp 区域内所设计的。

图中 *p44*－R1 和 *p44*－R2 引物与 GWAP1、GWAP2 的配对组合是为了延长扩增 *p44* 片段上游基因序列，而 valS－F1 和 valS－F2 引物与 GWAP1、GWAP2 的配对是为了延长扩增 *p44* 片段下游 *valS* 基因片段的序列（表 3－11）。

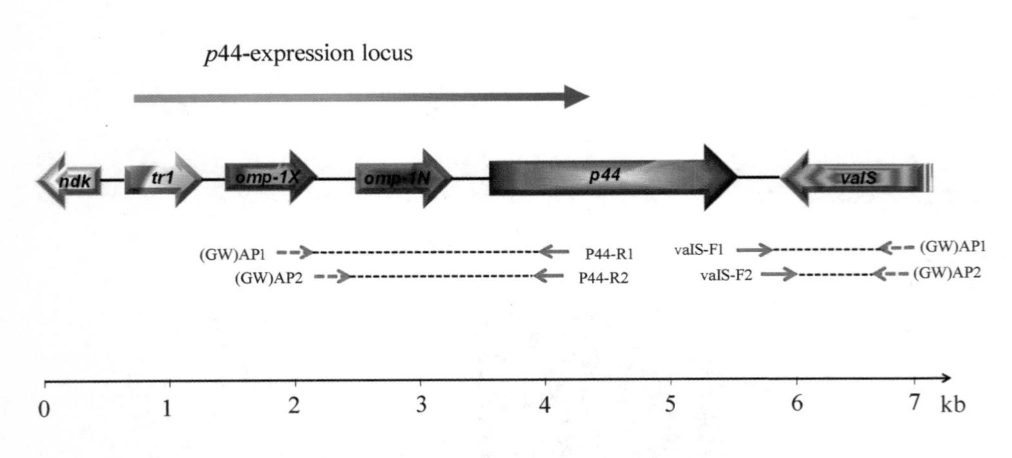

图 3－10　Genome Walker 法中使用的引物模式图

表 3－11　Genome Walker 法中使用的引物序列表

PCR primers used for analysis of a *p44* expression site of Japanese *A. phagocytophilum* in salivary glands of ticks

Primer name	Sequence	Direction
(GW) AP1	5′－GTA ATA CGA CTC ACT ATA GGG C－3′	Forward
(GW) AP2	5′－ACT ATA GGG CAC GCG TGG T－3′	
P44－R1	5′－TGA CGA GCT ACT ACC GGT TGT CCC AT－3′	Reverse
P44－R2	5′－CAG CGT TTG TCT TAC TCG CAT ATA TAC C－3′	
valS－F1	5′－TAC AGA ATC TGC CAC AGT CCC TGC TCT－3′	Forward
valS－F2	5′－CTC CGG TAA GAC TAC TTT AGC TTT TCA TG－3	
(GW) AP1	5′－GTA ATA CGA CTC ACT ATA GGG C－3′	Reverse
(GW) AP2	5′－ACT ATA GGG CAC GCG TGG T－3′	

2. Genome Walker 法的操作应用

Genome Walker 法的操作应用是根据 Genome Walker Universal Kit 的操作手册来进行。

二、实验 3 结果

本实验应用 Genome Walker 法对 *p44* 片段上游以及下游的基因序列进行测定。结果为扩增 *p44* 基因片段上游的 *omp*－1*N* 等片段的引物对（*p44*－R1 和 *p44*－R2 引物与 GWAP1、GWAP2 的组合）都没有得到预期的扩增效果，而为了扩增下游 *valS* 片段的 valS－F1 和 GWAP1 引物组合实现了扩增反应（图 3－11）。将得到的扩增产物进行基因测序分析后与前面实验中解读了的基因序列进行拼接编辑，得到了下游 *valS* 片段 1440bp 的延长段（图 3－12 中红色箭头所指绿色部分）。这个结果也更加证明了如图 3－10 所示静冈地区 *I. persulcatus* 蜱虫体内 *A. phagocytophilum*（Tick－1）*p44* 基因表达区域与欧美的类型对比，在表达区域内确实不存在 *recA* 基因片段，而是 *p44* 基因片段与它下游的 *valS* 片段直接邻接的结论（图 3－13）。另外将分析得到的 *valS* 片段氨基酸序列与欧美的 *valS* 进行比对，发现二者的序列有很大的差异。本实验中在 *p44* 基因片段的上游没有发现 *omp*－1*N* 片段的事实来看，也证实了在这次实验中解读的 *p44*

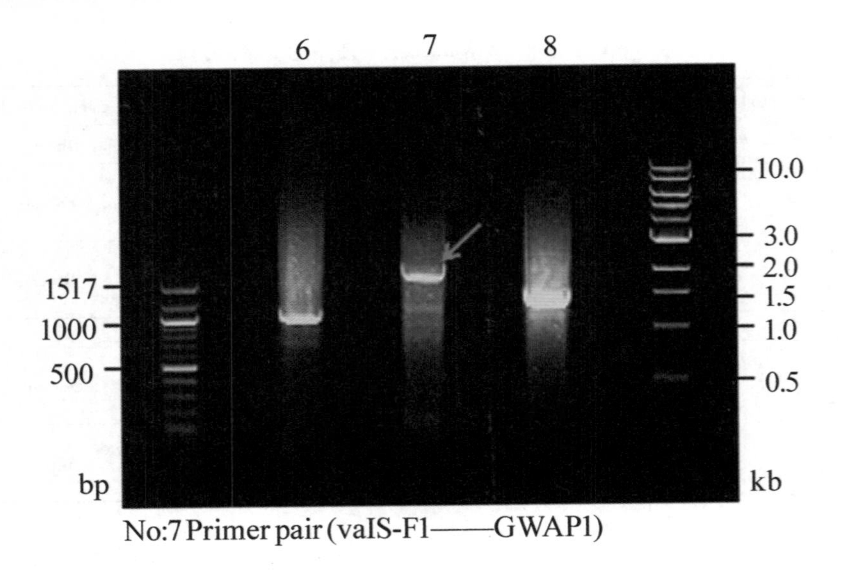

图 3－11　应用 Genome Walker 法得到的 PCR 扩增反应物 ※红色箭头所指 7 号条带是引物 valS－F1 和 GWAP1 的 First PCR 扩增产物。

表达区域的基因结构中很有可能不存在 *omp*－1*N* 基因片段的结论。

图 3－12 中，红色粗箭头所指绿色部分（1440bp）是本实验中测得的序列区域，红色部分（2877bp）显示的是将本章 3 次实验中获得的碱基序列包括 *p44* 基因片段以及它下游 *valS* 基因片段的整个区域。

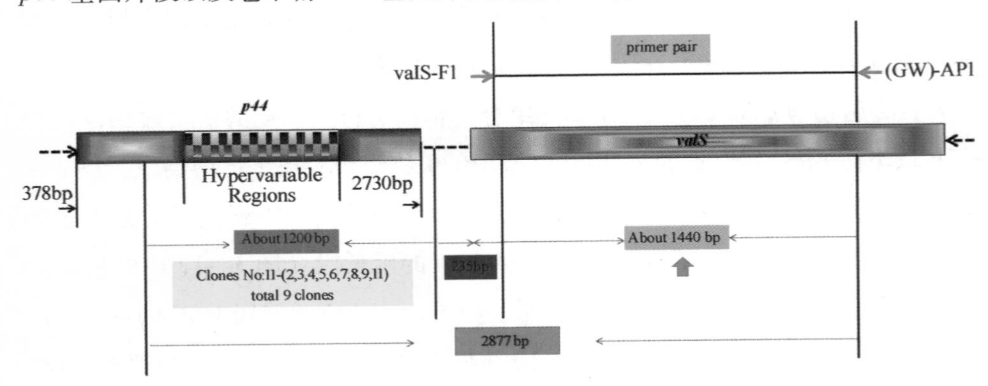

图 3－12　静冈地区 *I. persulcatus* 蜱虫体内 *A. phagocytophilum*（Tick－1）*p44* 基因表达区域模式图 ※这是本章 3 个实验中得到的 *p44* 基因表达区域结构全貌图。黄色区域的 1200bp 是实验 1 的结果，蓝色区域的 235bp 是实验 2 的解析结果，而绿色区域的 1440bp 是实验 3 的解析结果。

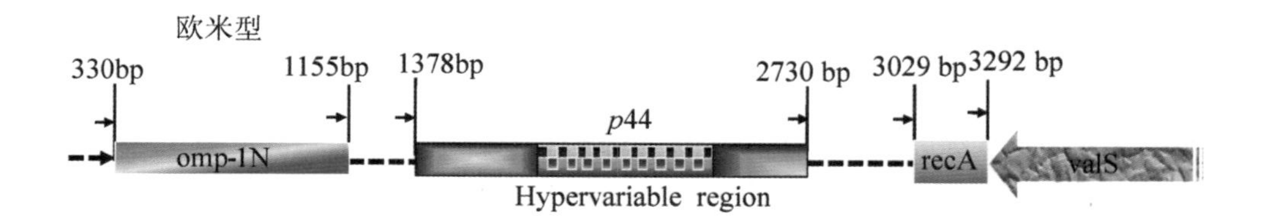

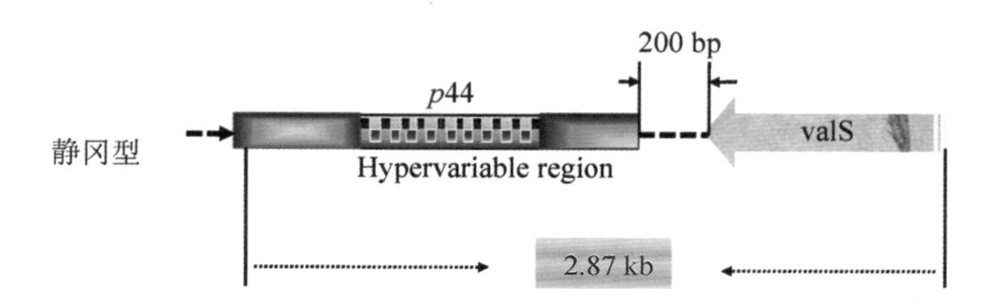

图 3－13　欧美型 *p44* 基因表达区域与静冈地区（Tick－1）表达区域比较　※ 将本章中共计 3 个实验中得到的全长 2.87kb 的 *p44* 基因表达区域与欧美型进行比较，其结果静冈型的构造在 *p44* 基因片段的上游以及下游分别缺少 *omp－1N* 与 *valS* 基因片段。

第五节　结论与思考

本章以解析静冈地区蜱虫体内 *A. phagocytophilum* 病原体 p44 基因表达区域为目的，将第二章里检测到受 *A. phagocytophilum* 病原体感染的 7 个蜱虫唾液腺 DNA 提取物（Tick－1、Tick－9、Tick－18、Tick－19、Tick－23、P2、以及 J4），应用 MDA 法实施整体 DNA 的扩增使之保证了后续实验的用量。然后我们设计了 A、B、C、D、E、F、G 等引物组在 *p44* 基因表达区域的各个区域段进行了 PCR 扩增反应。结果 7 个样本中只有 Tick－1 在使用引物对 *p44*C－F1 与 valS－R2 的反应中成功的被扩增，而其他的样本均没有得到预期的扩增效果。有一个原因就是利用 Genomiphi 活性酶的 MDA 扩增法对 2kb 以下长度的模版 DNA 没有扩增效果，我们认为本来就微量的蜱虫唾液腺 DNA 在提取，调整等过程受到这些物理因素的影响，大量的 DNA 受损被切而小于 2kb 的可能性极大，所以在应用 MDA 法扩增过程中，模版 DNA 没有被充分扩增。

我们将扩增成功的 Tick－1 的 PCR 产物经过 TA 克隆获得了 9 个 *p44* 基因片段的克隆体，其中有 7 个克隆体的氨基酸序列与第二章里新发现解读了的 Tick1－7－1－Shizuoka－Ip（2clones FJ465442）的序列一致或相当接近。这表明上述 7 种序列相近相似的基因片段可能就是 *I. persulcatus* 蜱虫体内 *A. phagocytophilum* 病原体的主要外膜蛋白的表达基因。也就是说，携带有与这 7 种克隆序列相似的 *p44* 基因片段的 *A. phagocytophilum* 病原体才能够适合寄生于 *I. persulcatus* 蜱虫的体内。

为了进一步解读 *p44* 基因片段的上游及下游的基因结构，我们设计了 C、D、E、F、G 等各种扩增用引物组进行了 PCR 扩增反应。其中只有 F 组的 *p44*－F1与 valS－R2 的组合成功的延长了下游 235bp 的区域。从中得出对于 Tick－1检样，在它的 *p44* 基因片段下游不存在 *recA* 基因片段，而且在 *p44* 基因片段的上游也没有测出 *omp*－1*N* 基因片段，这个结果与欧美发现的 *p44* 基因表达区域有很大的不同。因此为了确定上面所得出的结果，应用 Genome Walker 扩增法针对上游的 *omp*－1*N* 基因片段以及下游的 *valS* 基因片段做了进一步的探讨。其结果，上游侧与前面的结果相同没有发现 *omp*－1*N* 基因片段的扩增物，而在下游侧成功地测出了 *valS* 基因片段 1440bp 的延长段。

综上所述，本章通过上述 3 个实验解读了全长约 287kb 的 *p44* 基因表达区域。这对于静冈地区 *I. persulcatus* 蜱虫（*Tick*－1）体内保有 *A. phagocytophilum* 来说，虽然只是一部分，但对于 *A. phagocytophilum* 病原体 *p44* 基因表达区域的解析而言我们认为是成功的一步。本章的实验结果证明了 *I. persulcatus* 蜱虫（*Tick*－1）体内保有 *A. phagocytophilum* 的 *p44* 基因表达区域的部分构造与欧美的 *p44* 基因表达区域比较具有很大差别。欧美类型 *p44* 基因表达区域 *p44* 基因片段的上游和下游邻接的 *omp*－1*N* 基因片段与 *recA* 基因片段在本实验 Tick－1 样本里是不存在的，它的 *p44* 基因片段的下游侧是与 *valS* 基因片段直接邻接的。另外本章中得到的 *valS* 基因的氨基酸序列也与欧美的序列有很大的不同。

以上我们通过本章的实验结果，证明了静冈地区 *I. persulcatus* 蜱虫（Tick－1）体内保有 *A. phagocytophilum* 病原体具有独特的 *p44* 基因表达区域。

第四章　日本东北地区 *Ixodes* 属蜱虫体内 *A. phagocytophilum* 病原体 *p44* 基因表达区域的解析

第一节　序　　言

第三章里我们研究解析了关于静冈地区 *A. phagocytophilum* 病原体 *p*44 基因表达区域的基因结构的问题。结果使我们明白了静冈地区 *I. persulcatus* 蜱虫体内寄生的 *A. phagocytophilum* 病原体 *p*44 基因表达区域与欧美发现的表达区域在基因构造上存在很大的区别。但是只是在 1 个样品（Tick－1）的实验中成功地解析了 *p44* 基因表达区域的部分构造，因此还需要更加深入细致的研究。

因此，在本章我们将对日本东北地区（※与日本东北地区不同于静冈地区属日本太平洋西海岸关东地域）蜱虫体内保有 *A. phagocytophilum* 病原体 *p*44 基因表达区域进行全面的实验研究。其理由是，通常 *Ixodes* 属蜱虫喜欢生息在较寒冷的地域，特别是静冈地区的 *I. persulcatus* 也是生息于富士山周围海拔 1200～1500m 的杂木林中。*I. ovatus* 是生息在海拔较低的山谷丛林地带。在日本 *I. persulcatus* 一般公认为多见于中部的海拔较高的山脉和靠北方的东北地区以及北海道地区，而 *I. ovatus* 主要是生息在日本中部地方的山峦地区以北。在九州与四国地方几乎见不到 *I. persulcatus* 蜱虫，但有时也能见到 *I. ovatus* 蜱虫。因此我们根据前面的实验经验，想要高效地采集到被 *A. phagocytophilum* 寄生的蜱虫就应该去静冈以北的东北地区采集。

而另一方面，有报道称 *A. phagocytophilum* 的宿主野生哺乳类动物在美国是白脚鼠。而在日本，笔者所在研究室经过长期的研究，对日本国内野鼠是 *A. phagocytophilum* 宿主的可能性是给予否定的。日本国内 Kawahara 等研究者从岛根县野鹿体内检测出 *A. phagocytophilum* 的 *p*44 基因片段，但是正如第二章的系统发生树中所表示的，它们与我们在 *Ixodes* 属蜱虫体内发现的基因类型有很大的差异，很有可能是别的种类的 *Aanaplasma* 属菌类。因此可以推论从野生鹿体内检测到的基因类型与对人感染性 *A. phagocytophilum* 的基因类型不是同一个类型。另外 *Ixodes* 属蜱虫在岛根县的生息率非常低，由此也可推测他们所检测到的 *Aanaplasma* 属菌类很可能是由其他属的蜱虫在媒介传播。

我们推测日本国内对人有感染性的 *A. phagocytophilum* 的宿主哺乳类动物很有可能是 *Ixodes* 属蜱虫生息地的野生鹿。在第二章里采集到 *Ixodes* 属蜱虫的富士山周围因为没有天敌，生息着大量的野生鹿。我们在采集得到受 *A. phagocytophilum* 感染 *Ixodes* 属蜱虫的相同地点也捕获了大量的野鼠做了 *A. phagocytophilum* 的测定实验，其结果全部为阴性。由此推测日本国内对人感染性 *A. phagocytophilum* 的宿主野生哺乳类动物不是野鼠而很有可能是野生鹿。另外东北地区以及北海道地区生息大量的 *Ixodes* 属类蜱虫，特别是 *I. persulcatus* 蜱虫的数量居多。这些地方也生息着数量繁多的虾夷鹿（*C. n. yesoensis*）和日本鹿（*C. n. nippon*）等野生鹿。在此前提下，本章的研究内容主要是对日本东北地区采集的 *Ixodes* 属蜱虫进行 *A. phagocytophilum* 测定实验进而解读 *p*44 基因表达区域的基因构造。

第二节　*A. phagocytophilum p44* 基因组的测定

一、实验材料与方法

1. 蜱虫采集的时间与地点

采集时间是：2006 年 6 月 23 – 25 日，在东北地区青森县和岩手县境内海拔 400 – 1300m 的山林地带采集到 128 只 *Ixodes* 属类蜱虫（图 4 – 1）。

2. 实验方法

本实验中的蜱虫采集、蜱虫的解剖、蜱虫唾液腺 DNA 的提取、PCR 扩增反应用引物、TA 克隆实验，以及 DNA 序列的测序解读等与第二章里的实

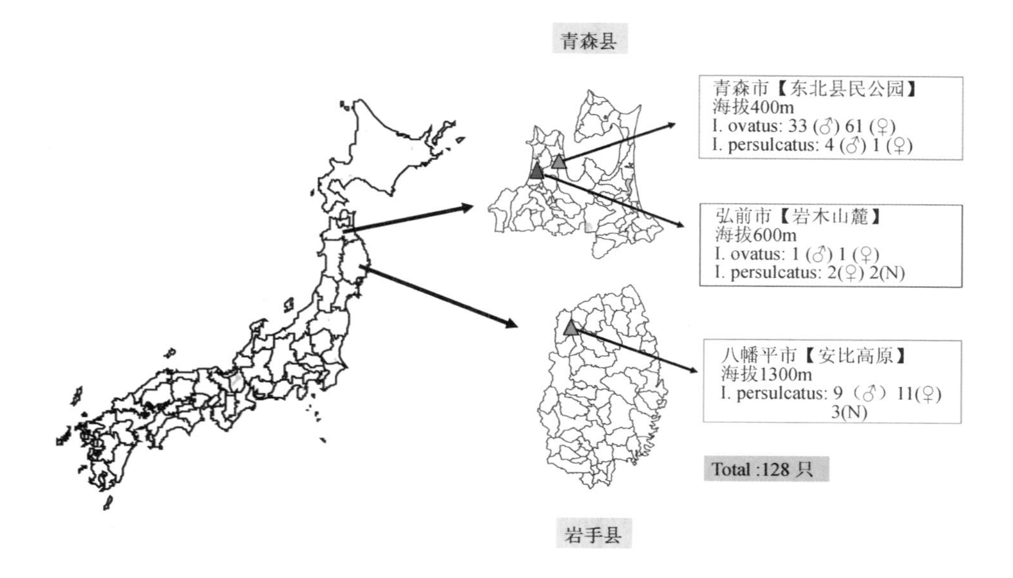

图 4－1　东北地区 *Ixodes* 属蜱虫的采集地点及种类和数量

验方法完全相同，在此省略。

二、实验结果

本实验对日本东北地区青森县与岩手县境内采集的共计 128 只 *Ixodes* 属蜱虫（*I. ovatus* 以及 *I. persulcatus*）唾液腺 DNA 提取物通过进行 First PCR 以及 Nested PCR 扩增反应，成功的在 6 只蜱虫的 DNA 提取物中测出 *A. phagocytophilum* 病原体的 *p*44 基因片段。出现阳性的受检样本是：Tick－60、Tick－70、Tick－71、Tick－162、Tick－176、Tick－199 等。将这些阳性样本中获得的 *p44* 基因片段进行 TA 克隆并解读了它们的序列。把这些克隆体序列经过 BLASTP 检索分析后发现，这些序列全部和迄今发现的 *p44* 基因序列有很高的相同性。由此可证明这 6 只蜱虫也是受 *A. phagocytophilum* 感染的蜱虫。

第三节　日本东北地区蜱虫体内 *A. phagocytophilum p44* 基因表达区域的解析

一、*p44* 表达区域内 *p44* 表达基因片段部分的解析（实验 1）

1. 实验材料

本章所要探索解决的 *p44* 基因表达区域结构实验中的材料将使用前面 *p44* 基因测定实验中的显现阳性的 6 个样本即，Tick－60、Tick－70、Tick－71、Tick－162、Tick－176、Tick－199 等。

2. 实验（1）方法

本次实验，*p44* 表达区域内 *p44* 表达基因片段部分的解析（实验 1）中所使用的引物，TA 克隆法，以及序列的解读等实验内容及步骤与第三章第二节的实验（1）完全相同。只是为了精确测序而在 *p44* 基因片段和它的下游区域内设计了 1 对辅助引物（见表 4－1、图 4－2）。

表 4－1　测序用辅助引物

Primer name	Sequence	Direction
(Amplification for a *p44* expression site)		
p44－F	5′－GCT AAG GAG TTA GCT TAT GA－3′	Forward
recA－R	5′－GAA GTA CAG CAG GAA GTA G－3′	Reverse

3. 实验 1 结果

A、B 两组引物（参照第三章的图 3－1）进行 First PCR 以及 Nested PCR 反应。结果，对 6 只蜱虫的唾液腺阳性 DNA 提取物进行的 PCR 反应中，使用 B 组引物的所有反应中没有获得反应扩增产物（*p44* 基因片段的上游）。但是在使用 A 组引物的 A1（p44LA－F1 与 p44LA－R1）的 First PCR 反应中，从 6 只 *I. ovatus* 以及 *I. persulcatus* 蜱虫中的 2 只 *I. persulcatus* 蜱虫

（Tick－162、Tick－176）得到了理想的扩增产物（图 4－2）。而且扩增产物的大小与欧美的 *p44* 基因片段很接近。2 个阳性样本都是由岩手县安比高原采集到的。其他的 4 个样本在引物的各种组合，以及 First PCR 和 Nested PCR 反应中都没有出现理想的反应扩增产物。

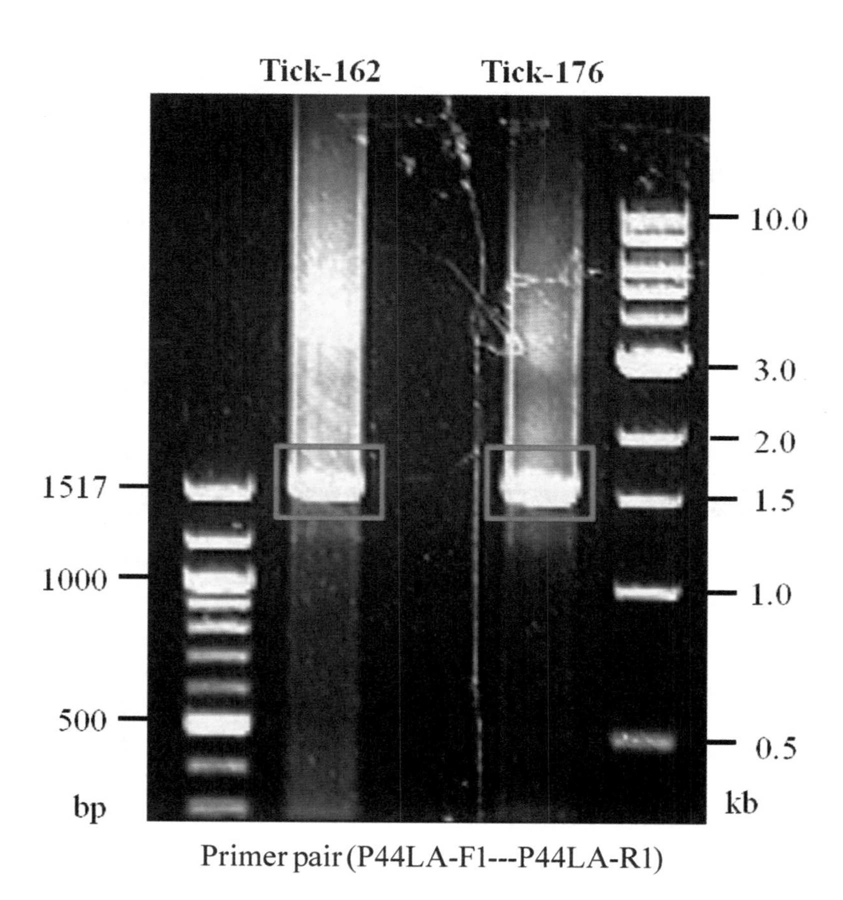

图 4－2　PCR 扩增反应结果 ※红方内所表示的是 *I. persulcatus* 蜱虫 Tick－162、Tick－176 在使用 A1 引物对（p44LA－F1/p44LA－R1）的扩增产物

我们使用引物对 A1（图 4－3 中蓝方里所表示的部分）所扩增的 PCR 产物进行切取，经过精炼调制后进行了 TA 克隆，从 Tick－162 与 Tick－176 的克隆体中各选 20 个克隆进行了测序分析。因为一部分克隆的序列拼接不能顺利完成，所以设计了如表 4－1 中表示的辅助引物进行了序列对接与序列拼接的测序分析。结果从 Tick－162 获得 13 个克隆的序列，由 Tick－176 获得了 17 个克隆的序列，共计得到了 30 个 *p44* 基因片段的克隆序列，各序列的长度约 1.65kb（图 4－3 中黑色箭头所指灰色区域）。我们在这 30 个 *p44* 基因片段的克隆体序列 3′侧发现了 *p44* 基因的终止密码子，而且在它的下游还发现了 *recA* 片段的终止密码子。进而也得出 *recA* 片段是由 100 个左右碱基序列构成，而且与欧美型表达区域内的 *recA* 片段序列大致相同。从这个结果可以看出，由东北地区采集的 2 只 *I. persulcatus* 蜱虫（Tick－162、Tick－176）体内测出的 *A. phagocytophilum* 病原体的 *p44* 基因表达区域基因构造与静冈地区的表达区域有很大不同，但它与欧美型的表达区域却有所相同。

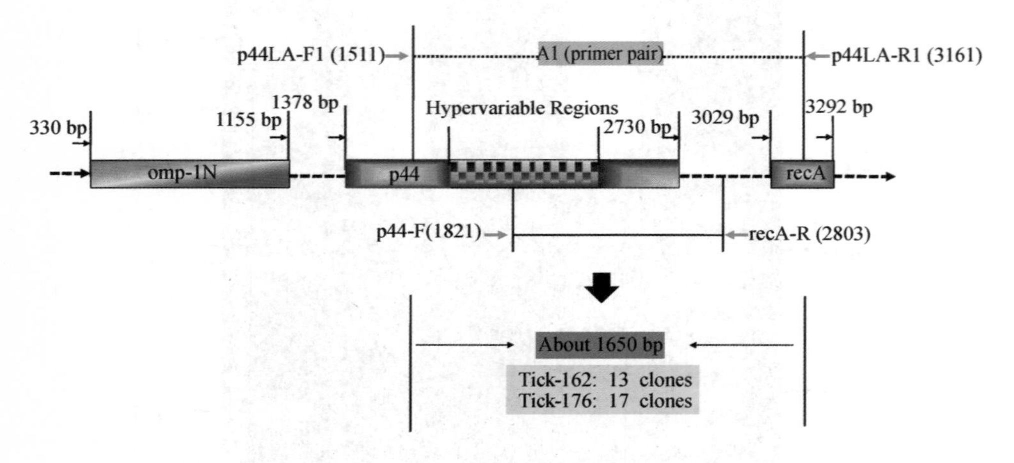

图 4－3　实验 1 结果模式图

※黑色箭头所指灰色区域是本实验中扩增得到的基因区

二、*p44* 表达区域内 *omp* －1*X*、*omp* －1*N*、*recA* 及 *valS* 基因片段的测定解析（实验 2）

1．实验方法

本实验引物设计以及实验内容，步骤等全部遵从第三章中实验 2 的方法进行。

2．实验 2 结果

本实验采用第三章实验 2 中设计的各组引物针对 Tick －162、Tick －176 的 *p44* 基因片段上游以及下游部分的各个基因片段进行了 PCR 扩增反应得出如下结果：在 *p44* 基因片段上游我们成功地测出了 *omp* －1*N* 片段，并且在下游也测出了 *recA* 和 *valS* 的基因片段。从而得出这个 *p44* 基因表达区域与欧美型 *p44* 表达区域在结构上非常相似的结论。将本实验中所得出的各个序列与本章实验 1 中测到的碱基序列 1. 6kb 进行对列拼接后我们得到了 *p44* 表达区域约 3. 8kb 的基因序列。图 4 －4 中表示了它的整体模式。图中 A、B、C、D、E、F、G 等表示区域是本章实验中所用各个相对应的引物组（A、B、C、D、E、F、G 组引物※参考第三章实验 1、2）扩增的 DNA 片段。在获得这段完整的基因序列的基础上我们进一步将本实验中新发现的 *p44* 基因表达区域内的 *omp* －1*N*，*recA* 以及包含超可变区域的 *p44* 基因段的氨基酸序列与欧美型 *p44* 基因表达区域内的相关基因进行了比对，最后将本章和第三章由 Tick －1 解析的 *p44* 基因表达区域以及欧美型表达区域基因结构进行了对比研究。（见图 4 －10、4 －11、4 －12、4 －13、4 －14 以及表 4 －2、表 4 －3）。

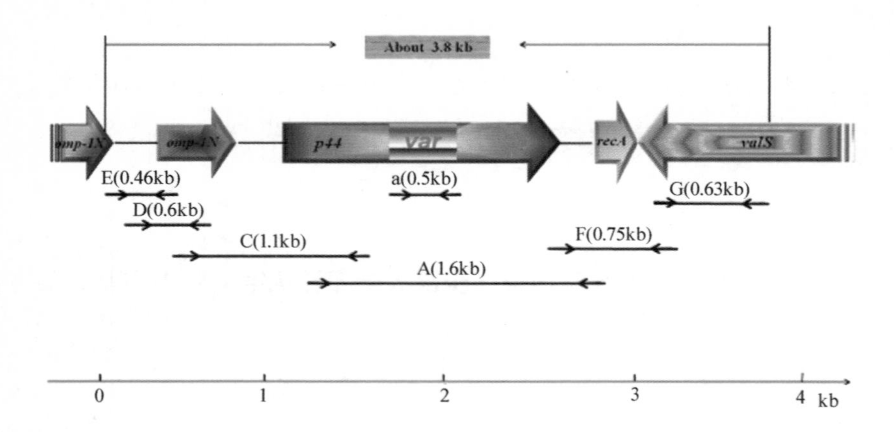

图 4-4　Tick-162 以及 Tick-176 中扩增获得的 *A. phagocytophilum* 病原体 *p44* 基因表达区域

下面显示实际 PCR 扩增反应的结果。首先，关于 *p44* 基因片段上游的 *omp*-1*X* 以及 *omp*-1*N* 基因段，图 4-4 中 C、D 以及 E 等 DNA 片段所对应的实际 PCR 扩增结果在图 4-5、图 4-6 及图 4-7 中表示。

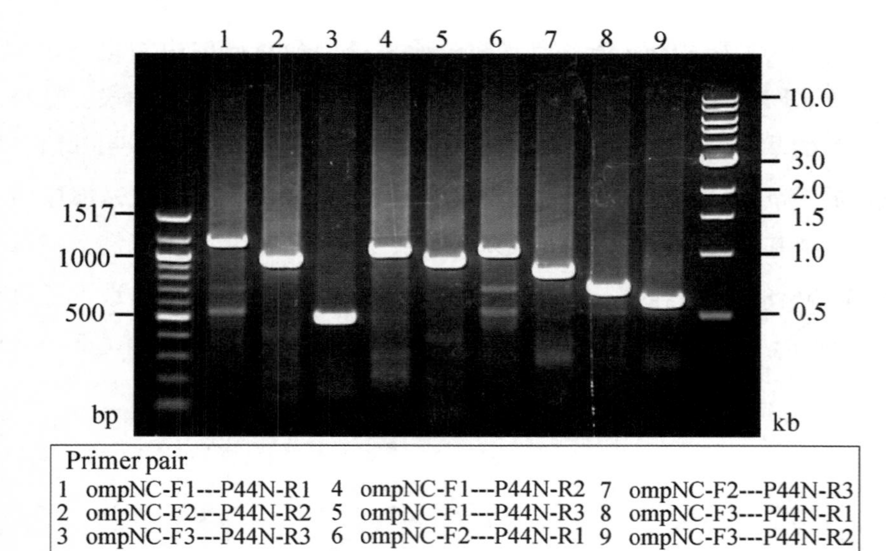

图 4-5　Tick-162 的 PCR 扩增物，对应图 4-4 中 C 段 DNA。

※因为 Tick-176 的 PCR 扩增物条带与之完全相同在此只列举 Tick-162.

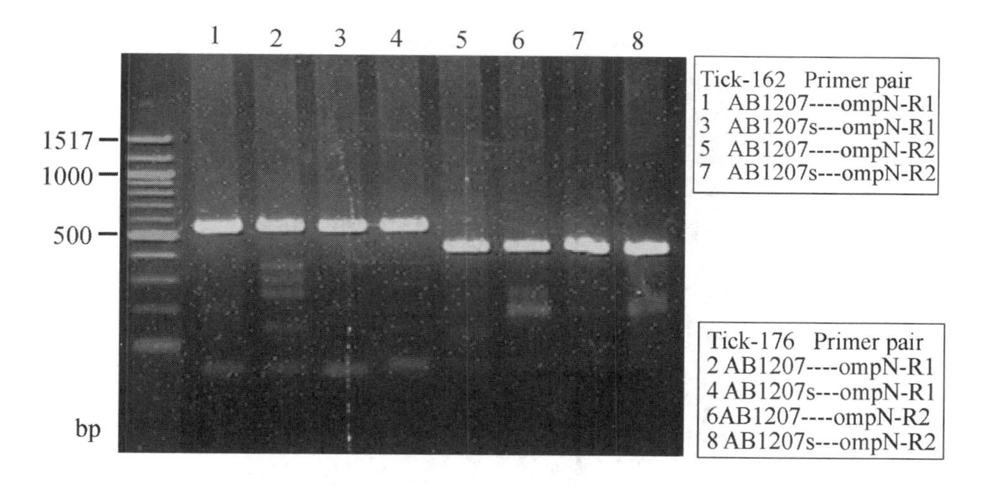

图 4－6　Tick－162，Tick－176 的 PCR 扩增物，对应图 4－4 中 D 段 DNA。

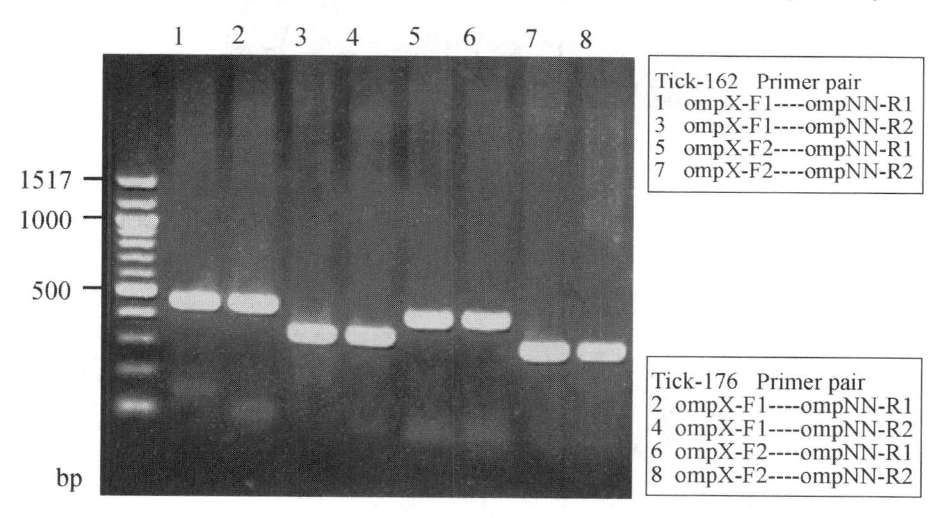

图 4－7　Tick－162，Tick－176 的 PCR 扩增物，对应图 4－3 中 E 段 DNA。

其次，在图 7 和图 8 中显示了相对应 *p44* 片段下游 *recA* 及 *valS* 基因区域 G、F 两个 DNA 片段的 PCR 扩增反应的结果。

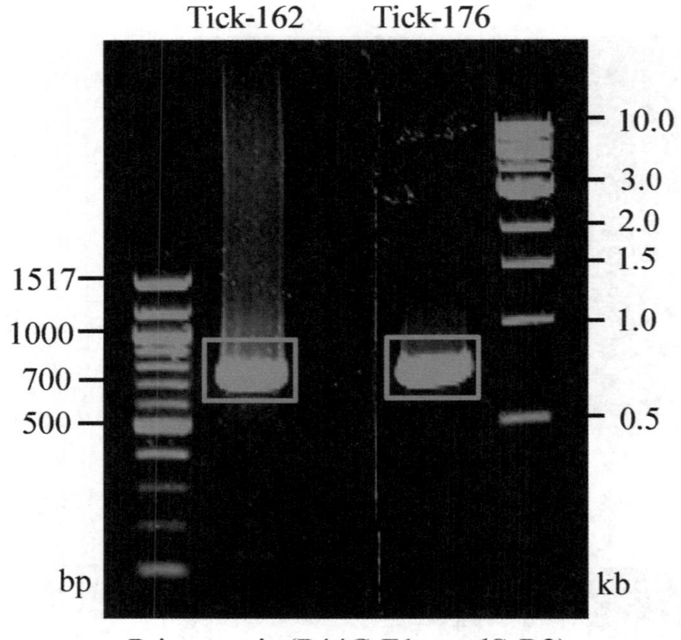

图 4－8　Tick－162，Tick－176 的 PCR 扩增物，对应图 4－4 中 F 段 DNA。

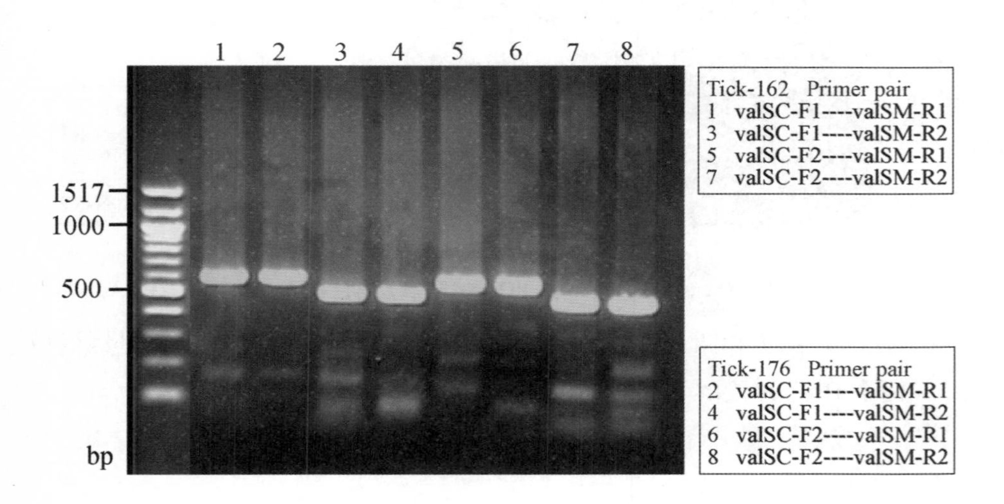

图 4－9　Tick－162，Tick－176 的 PCR 扩增物，对应图 4－4 中 G 段 DNA。

本次实验中获得的 *omp* - 1*N*，*recA* 以及 *p*44 基因片段的氨基酸序列与欧美型表达区域内的 *omp* - 1*N* 和 *recA* 以及 *p44* 的氨基酸序列的比对。在下面的图 4 - 10，图 4 - 11、图 4 - 12 以及表 4 - 2，表 4 - 3 中表示了其比对结果。

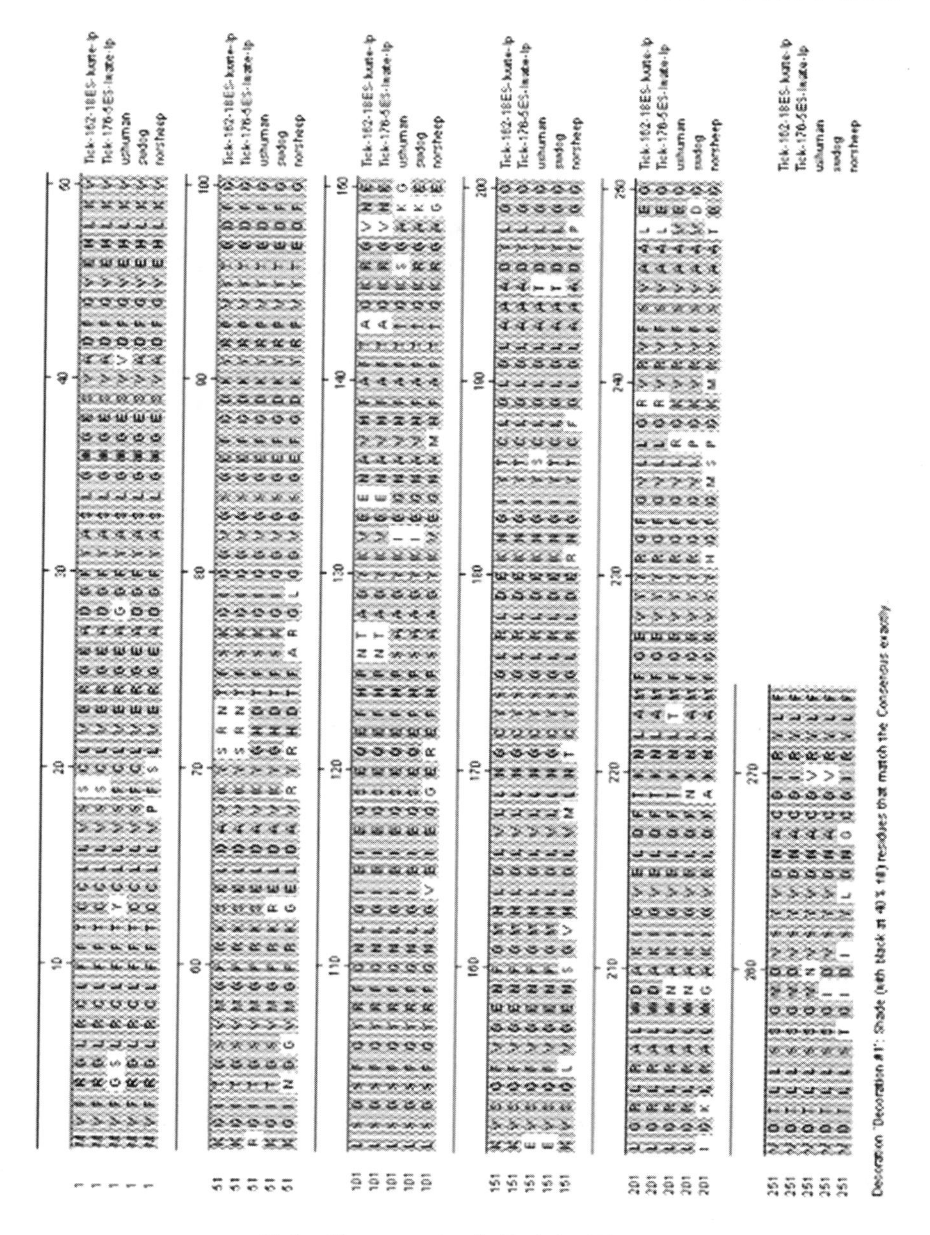

图 4 - 10　*omp* - 1*N* 氨基酸序列的比对

表 4－2　*omp*－1*N* 氨基酸序列的相似性对比（%）

NO	Clones	1	2	3	4	5
1	Tick－162－18ES－Iwate－Ip		100	89.4	92	82.8
2	Tick－176－5ES－Iwate－Ip			89.4	92	82.8
3	ushuman				94.2	80.7
4	swdog					85
5	norsheep					

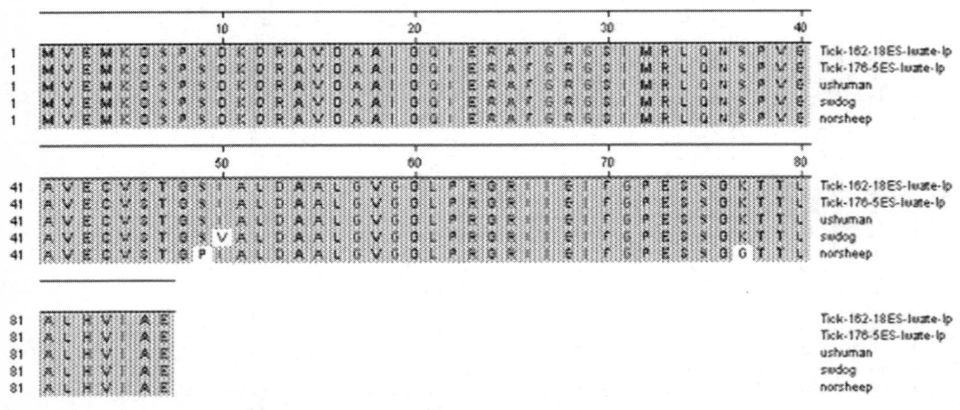

图 4－11　*recA* 氨基酸序列的比对

表 4－3　*Omp*－1*N* 氨基酸序列的相似性对比（%）

NO	Clones	1	2	3	4	5
1	Tick－162－18ES－Iwate－Ip		100	100	98.9	97.7
2	Tick－176－5ES－Iwate－Ip			100	98.9	97.7
3	ushuman				98.9	97.7
4	swdog					96.6
5	norsheep					

表4－3 中 Tick－162 以及 Tick－176 是表示日本东北地区获得的 *A. phagocytophilum*，*ushuman* 是美国患者分离菌株，swdog 是瑞典牧羊犬分离菌株以及 norsheep 是挪威山羊的分离菌株。

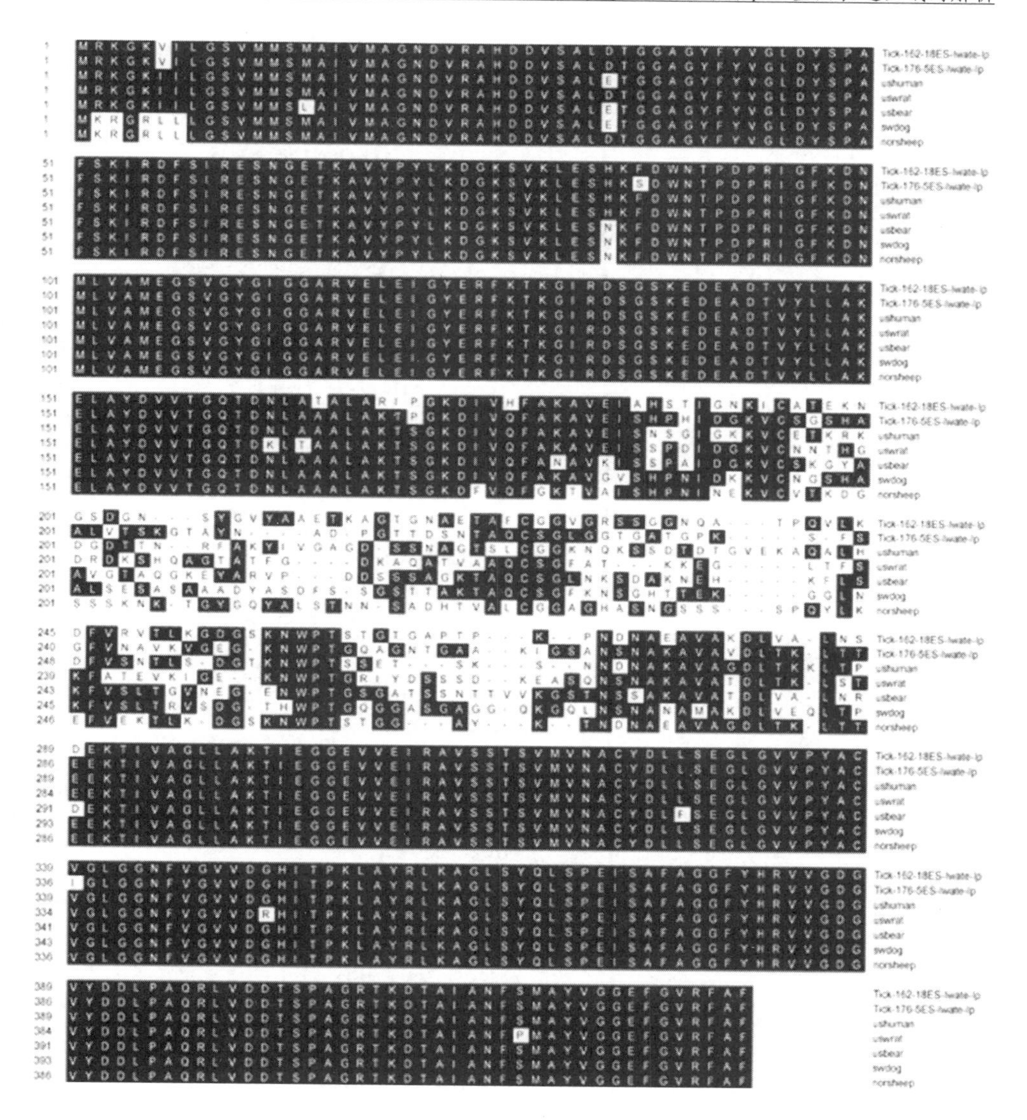

图 4－12　*p44* 基因段的氨基酸序列比对

图 4 － 11 中的 Tick － 162、Tick － 176 是表示日本东北地区的 *A. phagocytophilum*、ushuman 是美国患者分离菌株、swdog 是瑞典牧羊犬分离菌株、norsheep 是挪威山羊的分离菌株、uswrat 是美国野鼠由 *p44*、而 usbear 表示美国棕熊由 *p44* 氨基酸序列。

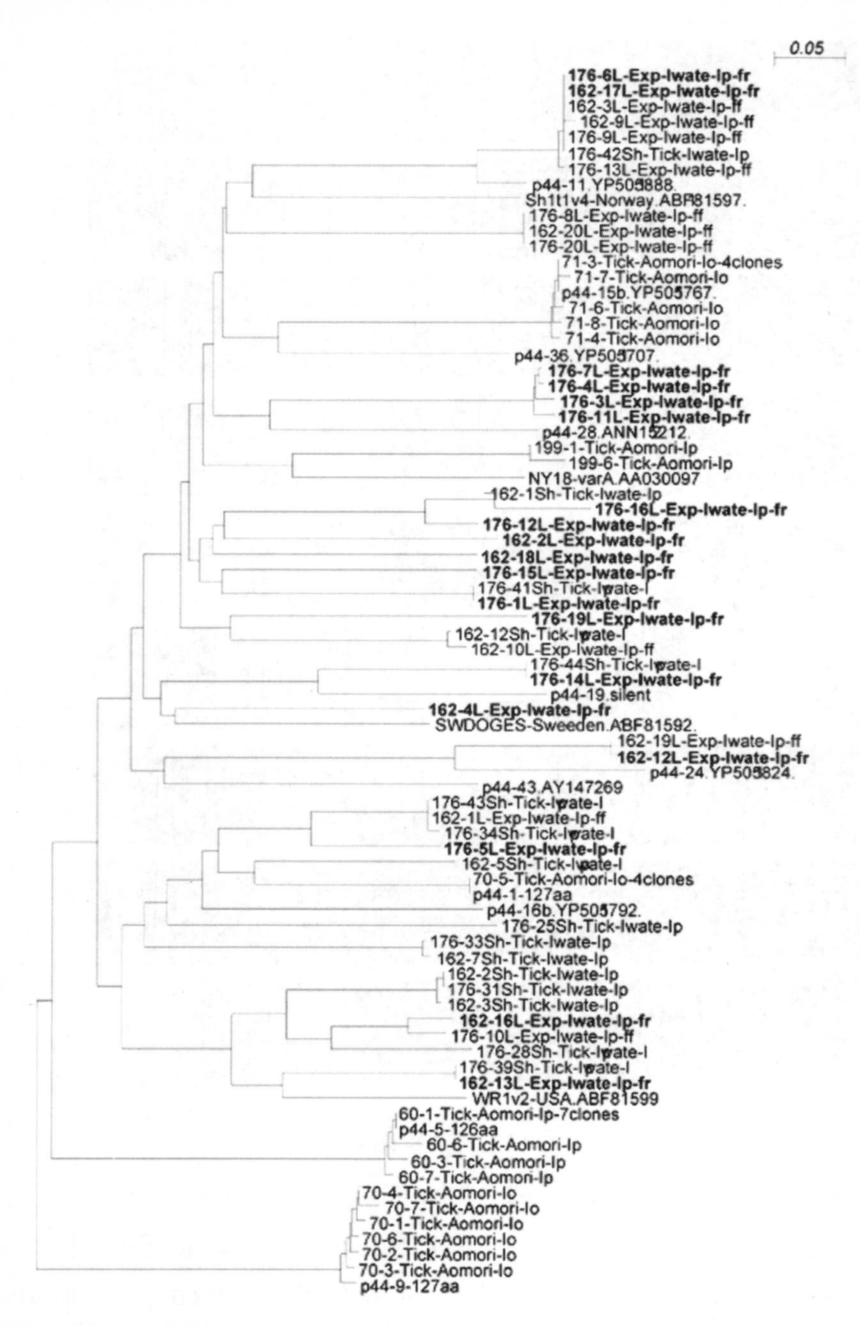

图 4－13　根据日本东北地区 *I. persulcatus* 蜱虫体内 *A. phagocytophilum* 的 *p44* 基因段（包含超可变区域）的氨基酸 104～133 个序列制作的系统发育树（※粗黑体字表示的是组换到 *p44* 基因中的段片）

图 4－14　第三章（2.87kb），第四章（3.8kb）发现的 *p44* 基因表达区域与欧美型表达区域的比较模式图

三、结论与思考

本章里我们将从日本东北地区采集到的共计 128 只 *Ixodes* 属蜱虫（*I. ovatus* 以及 *I. persulcatus*）进行唾液腺 DNA 提取，采用第二章的图 2－4 中表示的引物 p3726/p4257 和 p3761/p4183 通过 First PCR 以及 Nested PCR 扩增反应尝试了 *A. phagocytophilum* 病原体 *p44* 基因簇的检出实验。结果在 128 只蜱虫里有 6 只（Tick－60、Tick－70、Tick－71、Tick－162、Tick－176、Tick－199）被检出了 *p44* 基因片段，同时证明了这些蜱虫实属被自然感染。推测感染率为 4.6%（6/128）。接着为分析 *p44* 基因表达区域，我们使用引物 A 组的 p44LA－F1/p44LA－R1 通过 PCR 反应从 6 只阳性蜱虫的 2 只 *I. persulcatus* 蜱虫唾液腺 DNA 提取物（Tick－162、Tick－176）中成功地测到了 1.6kb 的基因序列。这个 DNA 片段（图 4－3 中的 A）包括从 *p44* 基因片段 5′末端至 *recA* 基因片段的 5′末端的 DNA 序列。之后用图 4－3 所示的 C、D、E、F、G 等引物组成功地测到了 C、D、E、F、G 等 DNA 片段，最终解读了 3.8kb 的 *p44* 基因表达区域（Tick－162－18ES－Iwate－IP [3791 kb] accession number FJ600595 以及 Tick－176－5ES－Iwate－IP [3782 kb] accession number FJ600601）。这个结果完全证明了我们在本章中解析的由 5′末端开始依次为 *omp*－1、*Xomp*－1*N*、p44 片段、*recA* 及逆向 *valS* 片段而组成的 *p*44 基因表达区域的基因配置结构，与 Barbet、Lin 等已经研究报告的欧美的患者、牧羊犬以及山羊的分离菌株是相同的结论。此结论也说明，除了在第三章中解析的静冈地区 *A. phagocytophilum* 的 *p*44 基因表达区域以外，包括从日本东北地区 *A. phagocytophilum* 解析的 *p*44 基因表达区域在广义上的统一性。

在 *omp*－1*N* 的 275 个氨基酸序列的比对中发现，如图 4－10 所示日本东北地区的 Tick－162、Tick－176 之间是完全一致的。但是与美国患者的分离菌株（ushuman、accession number NC007797）、瑞典牧羊犬的分离菌株（swdog、accession number DQ519566），以及挪威山羊的分离菌株（norsheep，accession number DQ519565）相比较有许多不同之处。它们之间的相似性在

82～92%（表4－2），其中与瑞典牧羊犬的分离菌株相似性最高（92%）。

在 RecA 的 87 个氨基酸序列的比对中，与 *omp*－1*N* 相同 Tick－162 和 Tick－176 之间是完全一致，并且与美国患者的分离菌株（ushuman）的序列也完全相同。相似性最低的是挪威山羊的分离菌株（norsheep），相似性为 96.6%（表4－3）。

图4－11 所示的 *p44* 基因的氨基酸序列比对中也很清楚地表明了日本东北地区的 *A. phagocytophilum* 的 p44 基因所表达的蛋白结构与欧美相同，N 末端和 C 末端的序列被完整的保留着，而中间是超可变区域。这些都证明了 *p44* 蛋白在表达基因结构上具有广泛的共同性。

以上结果表明美国、欧洲以及日本的 *A. phagocytophilum* 的 p44 基因表达区域具有广义上的共同点，但是 p44 基因表达区域中各个基因片段所表达的氨基酸序列却在各自不同的环境中有选择性的存在着。

图4－13 的系统发育树是根据本章实验中发现的包括超可变区域的 *p44* 基因片段 104－133 个氨基酸序列制作而成。图中黑体字所表示的克隆序列是组换进入 *p44* 基因片段的序列，它们的特点与静冈地区发现的 *A. phagocytophilum* 情况不同，在系统发育树中的各个不同的位置分散着。这个结论也说明了日本东北地区 2 只 *I. persulcatus* 蜱虫体内 *A. phagocytophilum* 的菌体表面有多种形态的外膜蛋白。

图4－14 是总结第三章与第四章的结果绘制的模式图。图中说明了静冈地区 *I. persulcatus* 蜱虫（Tick－1）体内 *A. phagocytophilum* 的 p44 基因表达区域的基因构造与欧美以及日本东北地区的构造有很大的不同之处。在第三章的实验里我曾投入大量的精力反复做了很多次实验，最终没有解析 *p44* 基因片段上游的基因结构。但解读了 *p44* 基因片段下游侧 valS 片段的序列，也证明了 *valS* 段的片氨基酸序列与欧美以及日本东北地区的 *A. phagocytophilum* 有非常大的差异。这个结论也许是我们遇见的一个特例。

关于 *p44* 基因的表达方式 Lin 以及 Barbet 等研究者对分离菌株做了详细的分析研究。据他们的研究，转录启动子分别存在于 *trI* 基因片段的上游以及 *omp*－1*N* 的上游。通过本研究我们完全解读了日本 *A. phagocytophilum* 的 *omp*－1*N* 片段的整个序列，因此我们进行了与其他地域的转录启动子的对比，发现在预想的 -10 区域和 -35 区域内的启动子序列分别是 TAACTT 和 TTGACT。这个序列与美国患者的分离菌株（ushuman、accession number NC007797）、瑞典牧羊犬的分离菌株（swdog、accession number DQ519566），以及挪威山羊的分离菌株（norsheep，accession number DQ519565）的序列完全相同。证明了世界范围内 *A. phagocytophilum* 的启动子序列也有它的共同性，而且具有相似的转录活性。

本章实验与第三章的实验一样，对受检样品采用了 Genomiphi 活性酶 MDA 扩增法。如上章所述，MDA 扩增法对 2kb 长度以下的模版 DNA 的扩增效果不佳，因此 6 只自然感染的蜱虫中只有 2 只蜱虫的唾液腺 DNA 提取物被成功的检测。原因很可能是唾液腺 DNA 中的 *A. phagocytophilum* DNA 在调整加工过程中受到一些物理性因素而受损被切为小于 2kb 的可能性极大。所以在应用 MDA 法扩增中，模版 DNA 没有被充分扩增。MDA 扩增法是微量 DNA 扩增的有效方法。因此在今后的工作中应加以注意 DNA 提取调制的实验程序，有效的提取调制 DNA 对高效利用 MDA 扩增法至关重要。

如上所述，本研究成功的解析了日本静冈以及东北地区的 3 只自然感染的 *I. persulcatus* 蜱虫体内 *A. phagocytophilum* 病原体 *p*44 基因表达区域。本实验的方法以及所获得的成果将会是还没有单株分离成功的亚洲地区 *A. phagocytophilum* 病原体分子生物学研究的重要参考。

第五章　总　　论

新发感染症“无形体感染症”是由蜱虫媒介传播的一种发热性疾病。该病原体是一种感染于人体内免疫颗粒细胞的专性寄生性革兰氏阴性杆菌。本感染症于1994年在美国被发现，1996年同样在美国被单株分离，学名为*Anaplasma phagocytophilum*。在日本笔者所在研究室经过调查研究于2005年首次在日本发现了*A. phagocytophilum*病原菌，并向世界发表宣告了该病原体在日本的存在。但*A. phagocytophilum*属于难培养、难分离的菌种。在日本至今没有单株分离，因此对*A. phagocytophilum*的生物特性以及分子遗传学的性状还没有太多的了解。

本研究以解析日本国内*A. phagocytophilum*病原体的部分基因构造为目的，提取媒介蜱虫体内*A. phagocytophilum*病原体DNA，应用分子微生物学技术对*A. phagocytophilum*病原体特征性基因*p44*主要外膜蛋白基因簇（*p44* multigene family）以及基因链上存在的唯一一处*p44*表达区域进行了解析。

第二章中我们对日本静冈地区采集到的*A. phagocytophilum*阳性蜱虫*I. persulcatus*以及*I. ovatus*蜱虫（9个体和1个10个阳性混合体）进行了PCR扩增反应，并将反应生成物克隆后得到174个*p44*大肠杆菌克隆体。之后解读了所有克隆的序列发现，从*I. persulcatus*蜱虫体内得到的*A. phagocytophilum*的p44克隆群的氨基酸序列表现了复杂的多样性，而从*I. ovatus*蜱虫内获得的*A. phagocytophilum*的*p44*克隆群的氨基酸序列中则有许多序列相同的克隆体。这个结果表明，*A. phagocytophilum*病原体在*I. ovatus*蜱虫体内的生存是具有选择性的。

第三章里我们对第二章中成功解析了的*I. persulcatus*蜱虫体内*A. phagocytophilum*病原体*p44*表达区域进行了解析实验。根据文献欧美的

A. phagocytophilum 病原体 *p44* 表达区域的结构是从 5′末端开始以此为 *tr* Ⅰ基因 – *omp* – 1*X* 基因 – *omp* – 1*N* 基因 – *p44* 基因 – *recA* 游离基因 – *valS* 基因等 6 个基因段组成的全长约 7kb 的区域。这些基因的转录 mRNA 启动子是位置于 *trI* 基因上游。*A. phagocytophilum* 病原体为了躲避宿主的防御免疫机能会在 *p44* 表达区域的 *p44* 基因片段内，将基因链上散在的 *p44* 基因进行相同性基因簇换来引起菌体表面的抗原变异。本章中以欧美的 *p44* 表达区域为基础设计了数量众多的引物进行了 PCR 扩增反应。其结果，多数的引物组合没有达到理想的效果。其中只有从 1 个组合的引物得到了扩增效果。之后应用 Genome Walker 扩增法在 *p44* 基因片段下游得到了一定量的扩增。解析结果表明在静冈地区检测到的 *A. phagocytophilum* 病原体的 *p44* 基因片段下游不存在 *recA* 游离基因，而是 *p44* 基因直接对接着逆向的 *valS* 基因。在分析本章的 *p44* 基因克隆序列后我们发现，它们与第二章中解读的 1 个 *p44* 基因的序列是相同的。即，很可能这个种类的 *p44* 基因是组换到表达区域中，实际在 *I. persulcatus* 蜱虫体内 *A. phagocytophilum* 的菌体表面表达 *A. phagocytophilum* 生存所必须的主要外膜蛋白。

第四章中我们成功的研究解析了日本东北地区（青森与岩手县）采集到的蜱虫体内保有 *A. phagocytophilum* 的 *p44* 基因表达区域的基因构造。我们首先从共计 128 只蜱虫中的 2 只 *I. persulcatus* 蜱虫里成功的解析了 *p44* 基因表达区域内 *p44* 基因。然后使用第三章中设计的所有引物对上述 2 个样本的 *p44* 基因片段上游及下游进行了扩增反应和序列分析。结果这个表达区域和静冈地区发现的 *A. phagocytophilum* 的 *p44* 基因表达区域不同，在它的 *p44* 基因片段上游存在 *omp* – 1*N* 基因而且下游也有 *recA* 游离基因和 *valS* 基因，有着与欧美型的 *p44* 基因表达区域相似的构造。在 *omp* – 1*N* 的氨基酸序列与其它地域的对比中发现，它与瑞典牧羊犬的分离菌株相似性最高（92%），而 *recA* 游离基因的氨基酸序列对比表明东北地区的 *A. phagocytophilum* 与美国患者的分离菌株的序列相同。根据上述结果可以推论，在日本国内至少有与欧美型 *p44* 基因表达区域结构相似的东北地区 *A. phagocytophilum*，也有像与欧美型 *p44* 基因表达区域大不相同的静冈地区的 *A. phagocytophilum* 病原体，而且它们还很有可能混合存在。

以上通过本研究成功地解析了日本存在的 *A. phagocytophilum* 病原体分子遗传学的部分性状与特征。此项成果不仅限于日本对整个亚洲地域的 *A. phagocytophilum* 病原体研究提供了重要的见解与参考。

参考文献

1. 向华，王贵平，宣华：《人兽共患病及其防制对策》，广东农业科学，2005 年 6 期。

2. 王其洲，周元军，黄胜昌：《人兽共患病及其防治医学动物防制》，2005 年 9 期。

3. 丁卫星，黎济：《人畜共患病的危害及防制动物科学与动物医学》，2005 年 22 卷 11 期。

4. 俞东征：《我国的人兽共患传染病问题动物保健》，2005 年 9 期。

5. 周毅，喻松：《浅谈新近发现的几种人兽共患传染病》，中国兽医科技，1994 年 1 期。

6. 俞东征：《我国的人兽共患传染病问题动物保健》，2005 年 9 期。

7. 郭予强：《浅谈人兽共患病及其防制》，广东畜牧兽医科技，2004 年 6 期。

8. 张春丽，王丽云，黄显斌：《值得深思的人兽共患病》，医药保健杂志，2004 年 4 期。

9. 李同春：《人兽共患病的危害及其防制内蒙古畜牧科学》，1999 年 2 期。

10. 王辉，赵永利，段国峰：《严控人畜共患病保障公共卫生安全》，黑龙江畜牧兽医，2005 年 10 期。

11. Anderson, B. E., Dawson, J. E., Jones, D. C., and Wilson, K. H.: Ehrlichia chaffeensis, a new species associated with human ehrlichiosis. *J. Clin. Microbial.*, 29, 2838 – 2842 (1991).

12. Dumler, J. S., and Bakken, J. S.: Human granulocytic ehrlichiosis in Wisconsin and Minnesota: a frequent infection with the potential for persistence. *J. Infect. Dis*, 173, 1027 – 1030 (1996).

13. Chen, S. M. , Dumler, J. S. , Bakken, J. S. , and Walker, D. H. : Identification of a granulocytotropic *Ehrlichia* species as the etiologic agent of human disease. *J. Clin.* Microbial. , 32, 589 – 595 (1994) .

14. Asanovich, K. M. , Bakken, J. S. , Madigan, J. E. , Aguero – Rosenfeld, M. , Wormser, G. P. , and Dumler, J. S. : Antigenic diversity of granulocytic *Ehrlichia* species isolates from humans in Wisconsin, New York, and a California horse. *J. Infect. Dis.* , 176, 1029 – 1034 (1997) .

15. Goodman, J. L. , Nelson, C. , Vitale, B. , Madigan, J. E. , Dumler, J. S. , Kurtti, T. J. , and Munderloh, U. G. : Direct cultivation of the causative agent of human granulocytic ehrlichiosis. *N. Engl. J. Med.* , 334, 209 – 215 (1996) .

16. Dumler, J. S. , and Bakken, J. S. : Human ehrlichioses. Newly recognized infections transmitted by ticks. *Annu. Rev. Med.* , 49, 201 – 213 (1998) .

17. Dumler, J. S. , Barbet, A. F. , Bekker, C. P. , Dasch, G. A. , Palmer, G. H. , Ray, S. C. , Rikihhisa, Y. , and Rurangirwa, F. R. : Reoganization of genera in the families *Rickettsiaceae* and *Anaplasmataceae* in the order *Rickettsiales*: untification of some species of *Ehrlichia* with *Anaplasma*, *Cowdria* with *Ehrlichia* and *Ehrlichia* with *Neorickettsia*, descriptions of six new species combinations and designation of *Ehrlichia equi* and ‘HGE agent’ as subjective synonyms of *Ehrlichia phagocytophila. Int. J. Syst. Evol. Microbiol.* , 51, 2145 – 2165 (2001) .

18. Dumler, J. S. , Barbet, A. F. , Bekker, C. P. , Dasch, G. A. , Palmer, G. H. , Ray, S. C. , Rikihisa, Y. , and Rurangirwa, F. R. : Family Ⅱ . *Anaplasmataceae* Philip 1957, 980 AL emend In Bergey’ s manual of systematic bacteriology pp. 117 – 145 Edited by Dumler, J. S. , Rikihisa, Y. and Dasch, G. A. Second Edition Baltimore Williams & Wilkins Co. (2005) .

19. 大橋典男：エーリキア症．“動物由来感染症－その診断と対策－”，神山恒夫，山田章雄編，真興交易株式会社，東京，pp129－132（2003）．

20. Dumler, J. S. , Choi, K. S. , Garcia – Garcia, J. C. , Barat, N. S. , Scorpio,

D. G. , Garyu, J. W. , Grab, D. J. , and Bakken, J. S. : Human granulocytic anaplasmosis and *Anaplasma phagocytophilum*. *Emerg. Infect*, *Dis.* , 11 , 1828 – 1834 (2005) .

21. Tickborne Rickettsial diseases "Ehrlichiosis", Center for Disease Control and Prevention, CDC Home, URL: http://www.cdc.gov/ ticks/ diseases/ehrlichiosis/.

22. Cao, W. C. , Gao, Y. M. , Zhang, P. H. , Zhang, X. T. , Dai, Q. H. , Dumler, J. S. , Fang, L. Q. , and Yang, H. : 2000 Identification of *Ehrlichia chaffeensis* by nested PCR in ticks from Southerm China. *J. Clin. Microbiol.* , 38, 2778 – 2780 (2000) .

23. Kim, C. M. , Kim, M. S. , Park, M. S. , Park, J. H. , and Chao, J. S. : 2003 Identification of *Ehrlichia chaffeensis*, *Anaplasma phagocytophlum*, and A. bovis in *Haemaphysalis Iongicornis* and *Ixodes persulcatus* ticks from Korea. *Vector Borne Zoonotic Dis.* , 3, 17 – 26 (2003) .

24. Kim, C. M. , Yi, Y. H. , Yu, D. H. , Lee, M. J. , Cho, M. R. , Desai, A. R. , Shringi, S. , Klein, T. A. , Kim, H. C. , Song, J. W. , Baek, L. J. , Chong, S. T. , O′guinn, M. L. , Lee, J. S. , Lee, I. Y. , Park, J. H. , Foley, J. , and Chae, J. S. : Tick – borne rickettsial pathogens in ticks and small mammals in Korea. Appl. Environ. Microbiol. , 72, 5766 – 5776 (2006) .

25. Heo, E. J. , Park, J. H. , Koo, J. R. , Park, M. S. , Park, M. Y. , Dumler. J. S. , and Chae, J. S. : Serologic and molecular detection of *Ehrlichia chaffeensis* and *Anaplasma phagocytophlum* (human granulocytic ehrlichiosis agent) in Korean patients . *J. Clin.* Microbiol. , 40, 3082 – 3085 (2002) .

26. Park, J. H. , Heo, E. J. , Choi, K. S. , Dumler, J. S. , and Chae, J. S. : Detection of antibodies to *Anaplasma phagocytophlum* and *Ehrlichia chaffeensis* antigens in sera of Korean patients by western immunoblotting and indirect immunofluorescence assays. *Clin. Diagn. Lab. Immunol.* , 10, 1059 – 1064 (2003) .

27. 大橋典男：潜在するエーリキア症関連群. "ダニと新興再興感染症", SADI 組織委員会編，全国農村教育協会，東京，pp165 – 172 (2007) .

28. Ohashi, N. , Inayoshi, M. , Kitamura, K. , Kawamori, F. , Kawaguchi, D. , Nishimura, Y. , Naitou, H. , Hiroi, M. , and Masuzawa, T. : *Anaplasma phagocytophilum* – infected ticks, *Japan. Emerg. Infect. Dis.* , 11, 1780 – 1783 (2005) .

29. Zhi, N. , Ohashi, N. , Rikihisa, Y. , Horowitz, H. W. , Wormser, G. P. , and Hechemy, K. : Cloning and expression of the 44 – kilodalton major outer membrane protein gene of the human granulocytic ehrlichiosis agent and application of the recombinant protein to serodiagnosis. *J. Clin. Microbiol.* , 36, 1666 – 1673 (1998) .

30. Murphy, C. L. , Storey, J. R. , Recchia. , J. , Doros – Richert, L. A. , Gingrich – Baker, C. , Munroe, K. , Bakken, J. S. , Coughlin, R. T. , and Beltz, G. A. : Major antigenic proteins of the agent of human granulocytic ehrlichiosis are encoded by members of a multigene family. *Infect. Immun.* , 66, 3711 – 3718 (1998) .

31. Lin, Q. , Rikihisa, Y. , Massung, R. F. , Woldehiwet, Z. , and Falco, R. C. : Polymorphism and transcription at the *p*44 – 1/*p*44 – 18 genomic locus in *Anaplasma phagocytophilum* strains from diverse geographic regions. *Infect. Immun.* , 72, 5574 – 81 (2004) .

32. Ge, Y. , and Rikihisa, Y. : Identification of novel surface proteins of *Anaplasma phagocytophilum* by affinity purification and proteomics. *J. Bacteriol.* , 189, 7819 – 7828 (2007) .

33. Sarkar, M. , Troese, M. J. , Kearns, S. A. , Yang, T. , Reneer, D. V. , and Carlyon, J. A. : *Anaplasma phagocytophilum* MSP2 (P44) – 18 predominates and is modified into multiple isoforms in human myeloid cells. *Infect. Immun.* , 76, 2090 – 2098 (2008) .

34. Ohashi, N. , Rikihisa, Y. , and Unver, A. : Analysis of transcriptionally active gene clusters of major outer membrane protein multigene family in *Ehrlichia canis* and *E. chaffeensis*. *Infect. Immun.* , 69, 2083 – 2091 (2001) .

35. Park, J. , Choi, K. S. , and Dumler, J. S. : Major surface protein 2 of *Anaplas-*

ma phagocytophilum facilitates adherence to granulocytes. *Infect. Immun.* , 71, 4018 –4025 (2003) .

36. Kim, H. Y. , and Rikihisa, Y. : Expression of interleukin – 1, tumor necrosis factor alpha, and interleukin – 6 in human peripheral blood leukocytes exposed to human granulocytic ehrlichiosis agent or recombinant major surface protein P44. *Infect. Immun.* , 68, 3394 – 3402 (2000) .
37. Zhi, N. , Rikihisa, Y. , Kim, H. Y. , Wormser, G. P. , and Horowitz, H. W. : Comparison of major antigenic proteins of six strains of the human granulocytic ehrlichiosis agent by Western immunoblot analysis. *J. Clin. Microbiol.* , 35, 2606 –2611 (1997) .
38. Ijdo, J. W. , Sun, W. , Zhang, Y. , Magnarelli, L. A. , and Fikrig, E. : Cloning of the gene encoding the 44 – kilodalton antigen of the agent of human granulocytic ehrlichiosis and characterization of the humoral response. *Infect. Immun.* , 66, 3264 –3269 (1998) .
39. Walls, J. J. , Asanovich, K. M. , Bakken, J. S. , and Dumler, J. S. : Serologic evidence of a natural infection of white – tailed deer with the agent of human granulocytic ehrlichiosis in Wisconsin and Maryland. *Clin. Diagn. Lab. Immunol.* , 5, 762 –765 (1998) .
40. Dumler, J. S. , Asanovich, K. M. , Bakken, J. S. , Richter, P. , Kimsey, R. , and Madigan, J. E. : Serologic cross – reactions among *Ehrlichia equi*, *Ehrlichia phagocytophila*, and human granulocytic ehrlichia. *J. Clin. Microbiol.* , 33, 1098 –1103 (1995) .
41. Caspersen, K. , Park, J. H. , Patil, S. , and Dumler, J. S. : Genetic Variability and Stability of *Anaplasma phagocytophila msp*2 (*p*44) . *Infect. Immun.* , 70, 1230 –1234 (2002) .
42. Nelson, C. M. , Herron, M. J. , Felsheim, R. F. , Schloeder, B. R. , Grindle, S. M. , Chavez, A. O. , Kurtti, T. J. , and Munderloh, U. G. : Whole genome transcription profiling of Anaplasma phagocytophilum in human and tick host cells by tiling array analysis. *BMC Genomics*, 31, 364 (2008) .

43. Zhi, N. , Ohashi, N. , and Rikihisa, Y. : Activation of a *p44* pseudogene in *Anaplasma phagocytophila* by bacterial RNA splicing: a novel mechanism for post – transcriptional regulation of a multigene family encoding immunodominant major outer membrane proteins. *Mol. Microbiol.* , 46, 135 – 145 (2002) .

44. Wang, X. , Kikuchi, T. and Rikihisa, Y. : Two monoclonal antibodies with defined epitopes of P44 major surface proteins neutralize *Anaplasma phagocytophilum* by distinct mechanisms. *Infect. Immun.* , 74, 1873 – 1882 (2006) .

45. Wang, X. , Rikihisa, Y. , Lai, T. H. , Kumagai, Y. , Zhi, N. , and Reed, S. M. : Rapid sequential changeover of expressed *p*44 genes during the acute phase of *Anaplasma phagocytophilum* infection in horses. *Infect. Immun.* , 72, 6852 – 6859 (2004) .

46. Lin, Q. , and Rikihisa, Y. : Establishment of cloned *Anaplasma phagocytophilum* and analysis of *p*44 gene conversion within an infected horse and infected SCID mice. *Infect. Immun.* , 73, 5106 – 5114 (2005) .

47. Casey, AN. , Birtles, R. J. , Radford, A. D. , Bown, K. J. , French, N. P. , Woldehiwet, Z. , and Ogden, N. H. : Groupings of highly similar major surface protein (*p44*) – encoding paralogues: a potential index of genetic diversity amongst isolates of *Anaplasma phagocytophilum. Microbiology*, 150, 727 – 34 (2004) .

48. Park, J. , Kim, K. J. , Grab, D. J, and Dumler, J. S. : *Anaplasma phagocytophilum* major surface protein – 2 (Msp2) forms multimeric complexes in the bacterial membrane. *FEMS Microbiol.* , 227, 243 – 247 (2003) .

49. Huang, H. , Wang, X. , Kikuchi, T. , Kumagai, Y. , and Rikihisa, Y. : Porin activity of *Anaplasma phagocytophilum* outer membrane fraction and purified P44. *J Bacteriol.* , 189, 1998 – 2006 (2007) .

50. Zhi, N. , Ohashi, N. and Rikihisa, Y. : Multiple *p*44 genes encoding major outer membrane proteins are expressed in the human granulocytic ehrlichiosis agent. *J. Biol. Chem.* , 274, 17828 – 17836 (1999) .

51. Zhi, N. , Ohashi, N. , Tajima, T. , Mott, J. , Stich, R. W. , Grover, D. ,

Telford, S. R. III. , Lin, Q. and Rikihisa, Y. : Transcript heterogeneity of the *p44* multigene family in a human granulocytic ehrlichiosis agent transmitted by ticks. *Infect. Immun.* , 70, 1175 – 1184 (2002) .

52. Lin, Q. , N. Zhi. , N. Ohashi. , H. W. Horowitz. , M. E. Aguero – Rosenfeld. , J. Raffalli. , G. P. Wormser. , and Y. Rikihisa. : Analysis of sequences and loci of *p*44 homologs expressed by *Anaplasma phagocytophila* in acutely infected patients. *J. Clin. Microbiol.* , 40, 2981 - 2988 (2002) .

53. Ladbury, G. A. , Stuen, S. , Thomas, R. , Bown, K. J. , Woldehiwet, Z. , Granquist E. G. , Bergstrom, K. , and Birtles, R. J. : Dynamic transmission of numerous *Anaplasma phagocytophilum* genotypes among lambs in an infected sheep flock in an area of anaplasmosis endemicity. *J. Clin. Microbiol.* , 46, 1686 – 1691 (2008) .

54. Granquist, E. G. , Stuen, S. , Lundgren, A. M. , Braten, M. , and Barbet, AF. : Outer membrane protein sequence variation in lambs experimentally infected with Anaplasma phagocytophilum. *Infect. Immun.* , 76, 120 – 126 (2008) .

55. Felek, S. , Telford III, S. , Falco, R. C. , and Rikihisa, Y. : Sequence analysis of *p44* homologs expressed by *Anaplasma phagocytophilum* in infected ticks feeding on naive hosts and in mice infected by tick attachment. *Infect. Immun.* , 72, 659 - 666 (2004) .

56. Hotopp, JC. , Lin, M. , Madupu, R. , Crabtree, J. , Angiuoli, S. V. , Eisen, J. A. , Seshadri, R. , Ren, Q. , Wu, M. , Utterback, T. R. , Smith, S. , Lewis, M. , Khouri, H. , Zhang, C. , Niu, H. , Lin, Q. , Ohashi, N. , Zhi, N. , Nelson, W. , Brinkac, L. M. , Dodson, R. J. , Rosovitz, M. J, Sundaram, J. , Daugherty, S. C. , Davidsen, T. , Durkin, A. S. , Gwinn, M. , Haft, D. H. , Selengut, J. D. , Sullivan, S. A. , Zafar, N. , Zhou, L. , Benahmed, F. , Forberger, H. , Halpin, R. , Mulligan, S. , Robinson, J. , White, O. , Rikihisa, Y. , and Tettelin, H. : Comparative genomics of emerging ehrlichiosis agents. *PLOS Genet.* , 2, 208 – 223 (2006) .

57. Barbet, A. F. , Meeus, P. F. , Bélanger, M. , Bowie, M. V. , Yi, J. , Lun-

dgren, A. M. , Alleman, A. R. , Wong, S. J. , Chu, F. K. , Munderloh, U. G. and Jauron, S. D. : Expression of multiple outer membrane protein sequence variants from a single genomic locus of *Anaplasma phagocytophilum. Infect. Immun.* , 71, 1706 – 1718 (2003) .

58. Barbet, A. F. , Agnes, J. T. , Moreland, A. L. , Lundgren, A. M. , Alleman, A. R. , Noh, S. M. , Brayton, K. A. , Munderloh, U. G. and Palmer, G. H. : Identification of functional promoters in the *msp*2 expression loci of *Anaplasma marginale* and *Anaplasma phagocytophilum. Gene*, 20, 89 – 97 (2005) .
59. Lin, Q. , Rikihisa, Y. , Ohashi, N. , and Zhi, N. : Mechanisms of variable *p44* expression by *Anaplasma phagocytophilum. Infect. Immun.* , 71, 5650 – 5661 (2003) .
60. Wang, X. , Cheng, Z. , Zhang, C. , Kikuchi, T. , and Rikihisa, Y. : *Anaplasma phagocytophilum p*44 mRNA expression is differentially regulated in mammalian and tick host cells: involvement of the DNA binding protein ApxR. *J. Bacteriol.* , 189, 8651 – 8659 (2007) .
61. Lin, Q. , Zhang, C. and Rikihisa, Y. : Analysis of involvement of the RecF pathway in *p44* recombination in *Anaplasma phagocytophilum* and in *Escherichia coli* by using a plasmid carrying the *p*44 expression and *p*44 donor loci. *Infect. Immun.* , 74, 2052 – 2062 (2006) .
62. Kawahara, M. , Rikihisa, Y. , Lin, Q. , Isogai, E. , Tahara, K. , Itagaki, A. , Hiramitsu, Y. , and Tajima, T. : Novel genetic variants of *Anaplsma phagocytophilum*, *Anplasma bovis*, *Anaplasma centrale*, and a novel *Ehrlichia* sp. in wild deer and ticks on two major islands in Japan. *Appl. Environ. Microbiol.* , 72, 1102 – 1109 (2006) .
63. Barbet, A. F. , Lundgren, A. M. , Alleman, A. R. , Stuen, S. , Bj? ersdorff, A. , Brown, R. N. , Drazenovich, N. L. , and Foley, J. E. : Structure of the expression site reveals global diversity in MSP2 (P44) variants in *Anaplasma phagocytophilum. Infect. Immun.* , 74, 6429 – 6437 (2006) .
64. Lo, N. , Beninati, T. , Sassera, D. , Bouman, E. A. , Santagati, S. , Gern,

L. , Sambri , V. , Masuzawa, T. , Gray, J. S. , Jaenson, T. G. , Bouattour, A. , Kenny, M. J. , Guner, E. S. , Kharitonenkov, I. G. , Bitam, I. , and Bandi, C. : Widespread distribution and high prevalence of an alpha – proteobacterial symbiont in the tick *Ixodes ricinus*. *Environ. Microbiol.* , 8, 1280 – 1287 (2006) .

65. Masuzawa, T. , Kharitonenkov, I. G. , Okamoto, Y. , Fukui, T. and Ohashi, N. : Prevalence of *Anaplasma phagocytophilum* and its coinfection with *Borrelia afzelii* in *Ixodes ricinus* and *Ixodes persulcatus* ticks inhabiting Tver Province (Russia) – a sympatric region for both tick species. *J. Med. Microbiol.* , 57, 986 – 991 (2008) .

66. Milutinovic, M. , Masuzawa, T. , Tomanovic, S. , Radulovic, Z. , Fukui, T. , and Okamoto, Y. : *Borrelia burgdorferi* sensu lato, *Anaplasma phagocytophilum*, *Francisella tularensis* and their co – infections in host – seeking Ixodes ricinus ticks collected in Serbia. *Exp. Appl. Acarol.* , 45, 171 – 183 (2008) .

67. Massung, R. F. , Courtney, J. W. , Hiratzka, S. L. , Pitzer, V. E. , Smith, G. , and Dryden R. L. : *Anaplasma phagocytophilum* in white – tailed deer. *Emerg. Infect. Dis.* , 11, 1603 – 1606 (2005) .

68. Abulencia, C. B. , Wyborski, D. L. , Garcia, J. A. , Podar, M. , Chen, W. , Chang, S. H. , Chang, H. W. , Watson, D. , Brodie, E. L. , Hazen, T. C. , and Keller, M. : Environmental whole – genome amplification to access microbial populations in contaminated sediments. *Appl. Environ. Microbiol.* , 72, 3291 – 3301 (2006) .

69. Yokouchi, H. , Fukuoka, Y. , Mukoyama, D. , Calugay, R. , Takeyama, H. , and Matsunaga, T. : Whole – metagenome amplification of a microbial community associated with scleractinian coral by multiple displacement amplification using phi29 polymerase. *Environ. Microbiol.* , 8, 1155 – 1163 (2006) .

70. Fournier, P. E. , Fujita, H. , Takada, N. , and Raoult, D. : Genetic identification of rickettsiae isolated from ticks in Japan. J. Clin. Microbiol. , 40, 2176 – 81 (2002) .